手把手教你项目开发
——基于Cortex-M3处理器

◎ 曲爱玲 著

U0193812

中国农业科学技术出版社

图书在版编目（CIP）数据

手把手教你项目开发：基于Cortex-M3处理器／曲爱玲著.—北京：
中国农业科学技术出版社，2017.12

ISBN 978-7-5116-3282-1

Ⅰ.①手… Ⅱ.①曲… Ⅲ.①微处理器–系统设计 Ⅳ.①TP332

中国版本图书馆CIP数据核字（2017）第241835号

责任编辑	崔改泵　李　华
责任校对	马广洋

出 版 者	中国农业科学技术出版社
	北京市中关村南大街12号　邮编：100081
电　　话	（010）82109708（编辑室）　（010）82109702（发行部）
	（010）82109709（读者服务部）
传　　真	（010）82106625
网　　址	http://www.castp.cn
经 销 者	各地新华书店
印 刷 者	北京建宏印刷有限公司
开　　本	787mm×1 092mm　1/16
印　　张	14.5
字　　数	342千字
版　　次	2017年12月第1版　2017年12月第1次印刷
定　　价	68.00元

前　言

　　本书以北京农业职业学院研发与示范推广项目为案例，基于 ARM Cortex-M3 处理器，详尽阐述了项目开发的全过程，广泛适用于科研院校及专业项目开发人员。

　　本书内容分为 3 大篇。第 1 篇，项目规划；第 2 篇，处理器初识；第 3 篇，项目实施。

第 1 篇包括 3 章：

1 项目方案提出——提出项目方案原因及目的；

2 项目可行性分析——项目存在问题，研究此项目的目的及意义；

3 项目方案制订——制订项目主体功能框架，明确实施流程及实现目标。

第 2 篇包括 9 章：

4 ARM Cortex-M3 处理器结构概述——介绍处理器基本结构及管脚功能；

5 ARM Cortex-M3 处理器内核——介绍处理器的内核功能；

6 ARM Cortex-M3 内核级外设——介绍处理器的内核级外设；

7 ARM Cortex-M3 JTAG 接口——介绍处理器的 JTAG 通信接口；

8 ARM Cortex-M3 内部存储器——介绍处理器的内部存储器及使用；

9 ARM Cortex-M3 通用输入/输出端口（GPIOs）——介绍处理器的 GPIOs 外设；

10 ARM Cortex-M3 通用异步收发器（UART）——介绍处理器的 UART 外设；

11 ARM Cortex-M3 模-数转换器（ADC）——介绍处理器的 ADC 外设；

12 ARM Cortex-M3 内部集成电路接口（I2C）——介绍处理器的 I2C 外设。

第 3 篇包括 3 章：

13 项目硬件实施——介绍各功能单元的硬件设计及驱动程序编写流程；

14 项目软件实施——介绍项目整体软件如何编写实现；

15 项目实现——阐述项目实现的整体功能。

　　本书作者具有多年企业嵌入式产品开发经验，本书依据企业嵌入式产品开发流程及具体实施环节进行编写，手把手教你项目开发的流程及实施过程，可以使读者从真正意义上了解并掌握项目开发的流程及技巧，为今后独立完成项目的开发奠定坚实的专业基础。

　　本书图文并茂，硬件单元配有具体的硬件原理图，驱动程序配有详细的程序流程框图，软件实施章节配有主要的程序代码，上述资源供广大读者学习与参考。因时间与作者水平等诸多因素，书中难免有不足之处，望广大读者批评指正。

作　者

2017 年 8 月

目 录

第 1 篇 项目规划

第 2 篇 处理器初识

第3篇　项目实施

第 1 篇　项目规划

1　项目方案提出

　　雾霾是环境病态的体现，随着我国经济的飞速发展，近年包括北京等在内的我国大部分城市中，雾霾成为环境最为棘手问题。PM2.5 颗粒严重影响人们的生活与健康，吸入过多的 PM2.5 颗粒可诱发肺癌等多种疾病。实时获取大气环境的 PM2.5 含量，采取有效的防霾措施，可以减少 PM2.5 对人类健康的威胁。目前 PM2.5 检测方法主要包括：称重法、β 射线法、振荡天平法、β 射线光浊度法和光散射法，其中称重法是传统测量方法，速度慢，需要人工干预。光散射法具有适用性广、所需的物理参数少、能测量颗粒粒径分布和速度快等优点，已成为颗粒物检测仪首选的检测方法。PM2.5 的即时检测是有效防治 PM2.5 污染的前提和重要保障。

1.1　PM2.5 定义

　　PM2.5 也称细颗粒物，是指空气环境中空气动力学直径 ≤2.5μm 的大气颗粒物。2011 年 10 月，包括京沪在内的我国黄淮海平原和长江三角洲多地持续出现大雾和灰霾天气，严重影响了居民的日常生活。同年美国驻华大使馆每天定时播报的空气质量状况，让北京继伦敦之后也获得"雾都"之称。其中一个最重要的因素，就是大气中颗粒物 PM2.5 的超标，这引发了公众对空气质量对健康造成影响的严重担忧，也让一个专业性很强的词汇——PM2.5 进入了公众的视野。

1.2　PM2.5 来源

　　大气颗粒物的来源很复杂。地球表面土壤和岩石的风化，海洋表面由于海水泡沫飞溅而形成的海盐粒子，植物真菌，自然火灾（包括火山爆发、农田及森林火灾）和人类的燃烧活动，工厂排放的气体以及发生化学反应而产生的液态或固态粒子等都是颗粒物的贡献源。1974 年美国环保局（EPA）总结了粒径 $D\rho < 20\mu m$ 的颗粒物的全球年排放量及其来源分配情况，如表 1-1 所示。从表 1-1 中结果可以看出，颗粒物的来源既有天然的污染来源，也有人为产生的颗粒物，既有一次生成的颗粒物，如地球表面的岩石风化、森林火灾、火山爆发等燃烧过程、生物排放和海水溅沫等，也有上述过程中产生的气体经过太阳光辐照或其他化学反应生成的新的颗粒物。

表 1-1　颗粒物全球排放量及其来源分配

来　源		排放量（10^8 t/年）
天然来源	风沙	0.5~2.5
	森林火灾	0.01~0.5
	海盐粒子	3.0
	火山岩	0.25~1.5
	H_2S、NH_3、NO_x 和 HC 等气体转化总量	3.45~11.0（二次气溶胶）
	总量	7.21~15.5
人为来源	沙石（农业活动）	0.5~2.5
	露天燃烧（小粒子）	0.02~1.0
	直接排放（工业过程）	0.1~0.9
	SO_2、NO_x 和 HC 等气体转化	1.75~3.35（二次气溶胶）
	总量	2.37~7.75

　　随着城市建设和工业的不断发展，汽车保有量的不断增多，人类的各种活动越来越占主导地位，人为来源所占的比例将逐年增加。陈璞珑等对成都市 PM2.5 来源研究表明，夏季 PM2.5 的贡献率由大到小依次为煤烟尘（39.2%）、二次气溶胶（35.12%）、汽车尘（12.07%）、土壤尘（4.6%）、建筑尘（1.16%）。

　　城市颗粒物主要集中在较小粒径，观测主要集中在来源和分布特征等。城市大气中 PM2.5 来源可能有家庭取暖、烹饪、交通、工厂、电厂、生物源以及前体物的二次转化等。大气中细颗粒物和超细颗粒物来源既有交通排放，也有固定源的贡献。调查显示，机动车是城市大气中细颗粒物和超细颗粒物最主要的排放源，柴油发动车排放的细颗粒物粒径范围主要集中在 20~130nm，汽油车排放的颗粒物范围在 40~60nm。此外，大气中新颗粒物形成是大气中 PM2.5 的重要来源。

1.3　PM2.5 化学组成

　　PM2.5 的化学成分十分复杂，主要分为三大类：一是可溶性粒子，包括：F^-、Cl^-、SO_4^{2-}、NH_4^+、Na^+、K^+ 等；二是无机元素，包括一些自然尘、金属元素等；三是含碳物质，包括有机碳 OC，元素碳 EC 和多环芳香烃等。不同来源的粒子组成也相差很大，大气扬尘以及海盐粒子等一次污染物往往含有大量的 Al、Fe、Ni、Zn、Cu、As、Cd、Pb 等元素；来自二次污染物的气溶胶粒子则含有大量的铵盐、硫酸盐和有机物等。

　　研究表明，PM2.5 颗粒中含有丰富的 SO_4^{2-}、NO_3^-、Cl^-、Na^+、K^+、NH_4^+、Cu、Fe、OC 和 EC 等。图 1-1 显示了北京市 PM2.5 中主要化学组分的比例和分布。其中有机物是 PM2.5 的主要成分，表明我国城市大气有机污染已相当严重。二次转化形成的 SO_4^{2-}、NO_3^- 和 NH_4^+ 是 PM2.5 中主要的水溶性离子。SO_4^{2-} 和 NH_4^+ 是 PM2.5 中含量最高的阴阳离子，因此主要来源于人为活动的 SO_4^{2-} 和 NH_4^+ 对 PM2.5 的贡献很大，并在很大程度上决定了大气气溶胶的污染特性。近年来，PM2.5 中 NO_3^- 的浓度不断上升，其主要原因是北京市近年来汽车数量飞速增加，汽车尾气中含有大量的氮氧化物，二次转化后生成硝酸盐颗粒物。

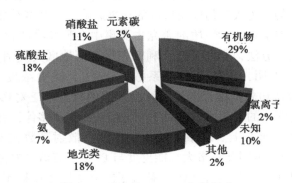

图 1-1　北京市 PM2.5 化学组成

1.4　PM2.5 危害

1.4.1　对人体健康的影响

自 20 世纪 80 年代末以来，世界各地学者进行了大量颗粒物对人体健康影响的研究。这些研究揭示了长期或短期暴露于大气颗粒物与多种健康指标如就诊率、呼吸系统发病率、肺活量、病症加剧和死亡率等之间的联系，如表 1-2 所示。Doekery 等对美国 6 个城市 8 000 多名年龄在 25～74 周岁的成年人进行了为期 14～16 年的流行病学研究，发现 PM2.5 和 PM10 的浓度每增加 $10\mu g/m^3$，相对危险度（RR）分别为 1.14 和 1.10，即死亡率分别增加 14% 和 10%。Pope 等对美国 151 个城市 50 多万年龄超过 30 周岁的成年人进行了为期 8 年的研究，发现 PM2.5 的浓度每增加 $10\mu g/m^3$，死亡率将增加 6.8%。

颗粒物浓度的增加还导致支气管炎患病率显著上升，成年人与儿童的肺功能 FEV1（forced expriratory volume over one second，1 秒钟强力呼气容积）显著降低。胡伟等对广州、武汉、重庆和兰州 4 个城市儿童的呼吸系统发病率和大气污染物之间的关系进行了研究，结果表明空气中 PM2.5、PM10 与儿童呼吸系统的患病发生率呈线性正相关关系，其影响比 SO_2、NO_x 更密切。

表 1-2　PM2.5 与 PM10 的年均浓度增加 $10\mu g/m^3$ 所造成的健康影响估计

健康指示	PM2.5	PM10
相对危险（RR）		
死亡率（Dockery 等，1993）	1.14（1.04，1.24）	1.1（1.03，1.18）
死亡率（Pope 等，1995）	1.07（1.04，1.11）	—
支气管炎	1.34（0.94，1.99）	1.29（0.96，1.83）

1.4.2　对能见度的影响

能见度（visual range）指视力正常的人在当前天气条件下，能在如天空或地面的背景中识别出一定大小目标物的最大距离。大量研究表明，城市能见度的降低是由

PM2.5 颗粒物和 NO_2 气体对来自物体的光信号的散射和吸收造成的。大气能见度的降低是人们感受最直观的一种大气污染所造成的环境影响。化学成分影响着颗粒物的散射系统，目前国外对于颗粒物光学性质的研究主要集中在颗粒物的化学成分方面。Chana 等运用多元线性回归的方法，研究了澳大利亚布里斯班地区大气消光系数和 PM2.5 化学成分的关系。研究表明，该地区消光系数和 PM2.5 质量浓度高度相关，特别是 PM2.5 中煤烟、硫酸盐和非土壤钾的质量浓度。国内目前缺乏对影响大气消光系数的颗粒物化学成分进行深入的观测研究，对于能见度的研究大多停留在能见度与颗粒物浓度或者气象条件关系的研究上。宋宇等研究了颗粒物散射系数在不同季节与 PM2.5、PM10 的相关关系，研究表明北京市大气能见度与 PM2.5 有着良好的线性关系，可以用 PM2.5 浓度来估算能见度。王玮等在 2001 年研究了能见度与交通来源颗粒物的粒径分布的关系。研究表明粒径在 0.7~0.8μm 细颗粒物是影响交通隧道中能见度的主要因素。

1.4.3　对水循环和气候的影响

　　大气气溶胶、气候和水循环三者之间相互影响，如图 1-2 所示。气溶胶增强大气对太阳辐射的散射和吸收，导致到达地表的太阳辐射大幅度较少，大气层顶（TOA）变亮而地表变暗；对大气加热作用则相应增强，大气热力层结构改变，区域环流系统如季风受扰动，云亮度增加而降雨可能受抑制，进而污染清除（如湿沉降）效果削弱。

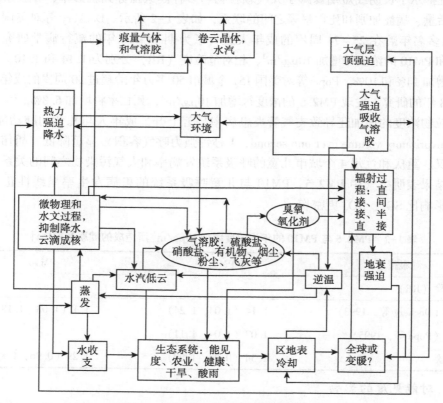

图 1-2　气溶胶、气候与水循环示意图

2 项目可行性分析

1997 年，美国提出 PM2.5 的大气标准，2012 年我国对环境空气质量指标做出的最新修订，才把 PM2.5 指标列入污染物控制指标，所以，在我国对 PM2.5 的监控较为滞后。就目前而言，自动化的 PM2.5 检测技术主要包括射线法、微量振荡天平法和散射激光雷达法等。其中散射激光雷达法在目前仍处于科研监测，并没有通过相关监测标准认证。

据了解，我国现有大气污染源数据调查已开始从酸性气溶胶（酸雨）生成的角度对前体物二氧化硫和氮氧化物进行统计和控制。一些专家表示，大气污染源研究还应从二次微粒转化的角度对前体物二氧化硫、氮氧化物和氨进行调查分析，以进一步完善现有的污染源统计模式。在重视单项污染物指标，如二氧化硫的浓度指标与总量控制指标的基础上，应同时关注一次污染物转化为二次污染物、一次污染物与二次污染物之间产生的对能见度和人体健康的累积效应等综合性指标。

一些专家表示，把 PM2.5 监测纳入空气质量常规监测指标，对我国目前的监测能力是一个挑战。首先是监测技术，目前国内的颗粒物监测设备除个别采样器外，均依赖国外产品或国外专利，在一定程度上形成了国外各制造商垄断的局面，但国外监测仪器主要针对较低污染浓度设计，在我国较高污染条件下和特殊地区监测条件下的适用性还需要进行系统验证；其次是基础能力建设方面，PM2.5 监测纳入常规监测指标后，将带动配套站房、天平室、观测平台等一系列基础建设；最后是人员和培训方面，PM2.5 监测设备的维护工作相对繁琐，将耗费大量人力，此外这类监测设备的技术要求较高，需要对操作人员进行定期培训。由于我国大气 PM2.5 及大气污染监测装备技术研究起步较晚，大部分监测设备几乎完全依赖进口，部分自主开发的仪器设备尚未开展工程化、标准化、工艺以及网络化等关键技术研究，国产监测装备难以满足国家大规模联网布设的需求。

2.1 目前存在的问题

综合国内外 PM2.5 的研究现状，目前 PM2.5 监测设备存在的问题如下：①价格高；②国外监测仪器均针对较低污染浓度设计；③监测设备复杂；④面向工业企业或专业部门设计。

鉴于目前 PM2.5 检测仪存在的问题，作者研究设计了一款功能实用、检测精度高、性价比高，符合大众需求的 PM2.5 检测仪。此设备可以实时检测大气环境或周围环境的 PM2.5 浓度、PM10 浓度、温度值、湿度含量等，检测的参数值可通过液晶屏实时显示、并支持外部按键实时触发语音播报功能，当 PM2.5 浓度超过 $200\mu g/m^3$ 时，通过红色警戒灯进行红色雾霾预警。

基于物联网的 PM2.5 检测系统采用 ARM 处理器进行研究开发，其研究开发主要应用到电工电子技术、物联网传感器技术、ZigBee 通信技术、嵌入式 ARM 处理器技术、硬件原理图设计与制板技术、C 程序设计、汇编程序设计等多门学科。

2.2 研究的目的和意义

2.2.1 研究目的

近年，随着城市雾霾的日趋严重，PM2.5 监测系统的研究比较热点，PM2.5 毒性较大，对空气污染、大气能见度、人体健康以及大气能量平衡都有很大的影响。PM2.5 已成为国内外城市大气污染的首要污染物，实时监测环境空气 PM2.5 指标，采取积极的防雾霾措施，减少雾霾对人体伤害。但目前市场上的 PM2.5 监测系统价格比较昂贵、采用的核心技术都具有保密性。设计一款性价比高，结合北京农业职业学院物联网专业传感器应用技术、ZigBee 通信技术、嵌入式技术、电工电子技术、电路板设计技术、C 语言程序设计等课程特色的 PM2.5 监测系统具有很强的专业性，对物联网专业课程建设具有很大的推动作用。同时，PM2.5 监测数据可以使用户采取有效的防雾霾手段，加强人类的环保意识，该系统具有一定的社会价值，可进一步加强人类的环保理念。

2.2.2 实际意义

（1）从社会角度看，基于物联网的 PM2.5 监测系统是目前市场上功能最为实用、面向不同群体的一种综合性设计方案，系统产品化将会取得良好的社会反响和经济效益，实现 PM2.5 实时监测的广泛普及。

（2）从核心技术的应用角度看，本项目使用的物联网核心技术与物联网技术在农业领域中使用的核心技术息息相关，本项目的实施可以为物联网技术在农业领域中的使用提供相关的技术积累、丰富的开发经验和成熟的项目成果。利用该产品开发的项目经验和本项目所掌握的核心技术，可以进一步将物联网技术推广到农业领域的控制之中，实现农业控制设备处理速度的加快。

（3）从产品再升级的角度看，本项目为产品功能的完善和性能的升级预留硬件接口，使产品的功能升级成为可能。

3　项目方案制订

3.1　项目主体架构

项目实施前，确定项目的主体框架功能。选用 ARM 处理器，利用 PM2.5 传感器进行 PM2.5 颗粒物浓度检测，因环境温湿度与人类生产与生活关系密切，可加入温湿度传感器检测环境的温湿度值，检测的 PM2.5 数据及温湿度值通过显示系统进行实时检测，考虑到应用群体的不同，系统通过看、听进行全面感知。项目的主体构架功能框图如图所示。

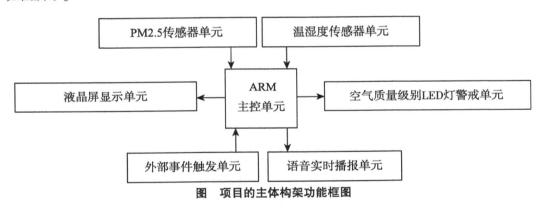

图　项目的主体构架功能框图

3.2　项目实施流程

（1）项目整体功能规划，确定基本功能单元。

（2）进行 CPU 处理器选型、PM2.5 传感器选型、温湿度传感器选型、语音芯片选型、液晶屏选型等。

（3）CPU 主控单元、各功能模块单元硬件电路原理图设计。

（4）元器件采购。

（5）硬件电路模拟功能搭建与焊接。

（6）硬件电路调试。

（7）硬件功能测试。

（8）驱动程序编写。

（9）系统软硬件联调，功能实现。

（10）代码优化，程序固化。

3.3 项目实现目标

（1）PM2.5 浓度检测。采用 ARM 处理器作为中央处理器，选用激光 PM2.5 传感器进行 PM2.5 浓度的实时检测，同时也可以进行 PM10 浓度的实时检测。

（2）温湿度检测。采用 STH11 温湿度传感器，进行温湿度的实时采样转换，同时，在湿度检测中加入温度补偿，提高了湿度检测的精度。

（3）液晶屏显示。采用并行接口 TFT 液晶屏，可配置成触摸屏功能，PM2.5 浓度、PM10 浓度、温度值、湿度含量等参数均通过液晶屏进行实时显示。

（4）语音播报。语音播报单元采用高集成度的语音合成芯片 XFS5152CE，XFS5152CE 通过串口与 ARM 芯片实现硬件连接，PM2.5 浓度、PM10 浓度、温度值、湿度含量等参数均可通过语音芯片进行实时播报。

（5）警戒灯。空气质量警戒级别显示，当 PM2.5 浓度大于 $200\mu g/m^3$ 时，红色警戒灯进行雾霾红色预警警戒。

第 2 篇　处理器初识

项目在具体实施前，需要掌握 ARM Cortex-M3 处理器的相关知识，ARM Cortex-M3 处理器的基本结构、管脚定义、外设资源功能、API 函数等知识是设计各硬件单元的原理图和编写硬件驱动程序的必备知识。第 2 篇，将主要介绍处理器相关知识，为后续项目实施做准备。

4　ARM Cortex-M3 处理器结构概述

德州仪器作为行业领导者，为微控制器市场带来了 32 位性能的基于 ARM® Cortex-M3™ 的微控制器。对于当前 8 位和 16 位 MCU 的用户而言，移植到 Stellaris® 的设计者将受益于其强大的工具和突出的性能。更重要的是，设计者完全有信心进入具有从 1 美元到 1GHz 的兼容产品的 ARM 生态系统。Stellaris® 家族为当前 32 位 MCU 用户提供了业内首款 Cortex-M3 和 Thumb-2 指令集，Thumb-2 技术可以使 16 位和 32 位指令并存，带来了代码密度和性能的最佳平衡。Thumb-2 比纯 32 位代码占用少 26%，同时带来了 25% 的性能提升，可有效降低系统成本。德州仪器的 Stellaris® 处理器家族，作为首款基于 ARM® Cortex-M3 的微控制器，为成本敏感的嵌入式微控制器应用带来了高性能的 32 位计算能力。这些具备领先技术的芯片使用户能够以传统的 8 位和 16 位器件的价位来享受 32 位的性能，而且所有型号都是以小占位面积的封装形式提供。

The LM3S9B96 具有如下特性。

■ ARM® Cortex-M3 处理器核心
　— 80MHz 运行速度，性能 100DMIPS
　— ARM Cortex 系统滴答定时器（SysTick）
　— 集成嵌套向量中断控制器（NVIC）
■ 片上存储器
　— 256kB 单周期 Flash 存储器，速度可达 50MHz；50MHz 以上采用预取指技术改善性能
　— 96kB 单周期 SRAM
　　● 装有 StellarisWare® 软件包的内部 ROM
　　● Stellaris® 外设驱动库
　　● Stellaris® 引导装载程序
　　● SafeRTOS™ 核心
　　● 高级加密标准（AES）密码表
　　● 循环冗余检验（CRC）错误检测功能
■ 片外设备接口（EPI）
　— 8/16/32 位外部设备专用并行总线
　— 支持 SDRAM，SRAM/Flash memory，FPGAs，CPLDs
■ 高级串行通信集成
　— 硬件支持 IEEE 1588 PTP 的集成 MAC 和 PHY 的 10/100 以太网
　— 两路 CAN 2.0 A/B 控制器

— USB 2.0 OTG/Host/Device

— 三路支持 IrDA 和 ISO 7816 的 UART（其中一路带有完全调制解调器控制的 UART）

— 两路 I2C 模块

— 两路同步串行接口模块（SSI）

— 内部集成电路音频（I2S）接口模块

■ 系统集成

— 直接存储器访问控制器（DMA）

— 系统控制和时钟，包括片上的 16MHz 精密振荡器

— 4 个 32 位定制器（可用作 8 个 16 位），具有实时时钟能力

— 8 个捕获/比较/PWM 管脚（CCP）

— 2 个看门狗定时器

●1 个定时器使用主时钟振荡器

●1 个定时器使用内部时钟振荡器

— 多达 65 个 GPIO 口，具体数目取决于配置

●高度灵活的管脚复用，可配置为 GPIO 或任一外设功能

●可独立配置的 2mA、4mA 或 8mA 端口驱动能力

●高达 4 个 GPIO 具有 18mA 驱动能力

■ 高级电机控制

— 8 路高级 PWM 输出，可用于电机和能源应用

— 4 个 fault 输入，可用于低延时的紧急停机

— 2 个正交编码输入（QEI）

■ 模拟

— 2 个 10 位模数转换器（ADC），具有 16 个模拟输入通道，采样率 1 000k 次/秒

— 3 个模拟比较器

— 16 个数字比较器

— 片上电压稳压器

■ JTAG 和 ARM 串行线调试（SWD）

■ 100 脚 LQFP 和 108 脚 BGA 封装

■ 工业（-40~85℃）温度范围

LM3S9B96 微控制器针对工业应用设计，包括远程监控、电子贩卖机、测试和测量设备、网络设备和交换机、工厂自动化、HVAC 和建筑控制、游戏设备、运动控制、医疗器械，以及火警安防。

另外，LM3S9B96 微控制器的优势还在于能够方便的运用多种 ARM 的开发工具和片上系统（SoC）的底层 IP 应用方案，以及广大的用户群体。另外，该微控制器使用了兼容 ARM 的 Thumb® 指令集的 Thumb2 指令集来减少存储容量的需求，并以此达到降低成本的目的。最后，LM3S9B96 微控制器与 Stellaris® 系列的所有成员是代码兼容的，这为用户提供了灵活性，能够适应各种精确的需求。

4.1　高级别框图

图 4-1 描述了 Stellaris® LM3S9B96 微控制器的全部特性。请注意有两条片内总线

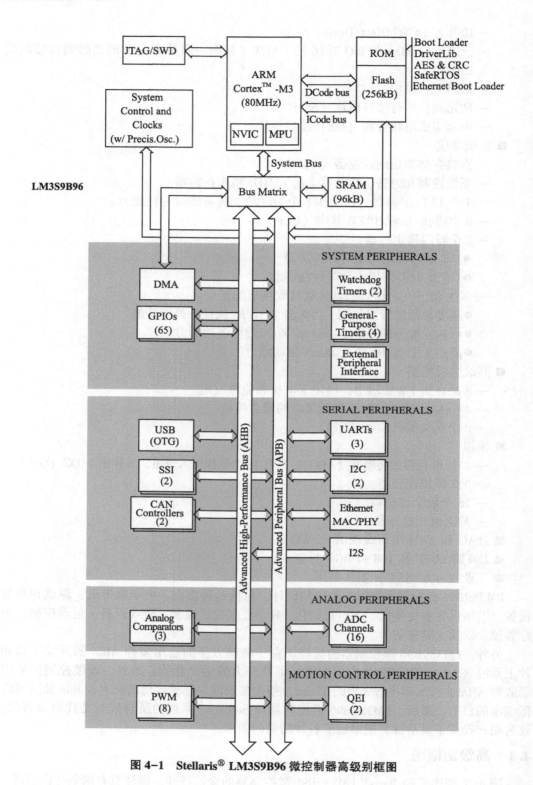

图4-1　Stellaris® LM3S9B96 微控制器高级别框图

连接内核和外设。高级外设总线（APB）是旧系统的总线，高级高性能总线（AHB）提供比 APB 总线更好的背靠背（back-to-back）的访问性能。

4.2 管脚图

LM3S9B96 微控制器的管脚图如图 4-2 所示。复位时，GPIO 信号用作普通 GPIO 口使用，除了默认为备用功能的管脚。在这种情况下，默认的备用功能跟在 GPIO 口名称后面。

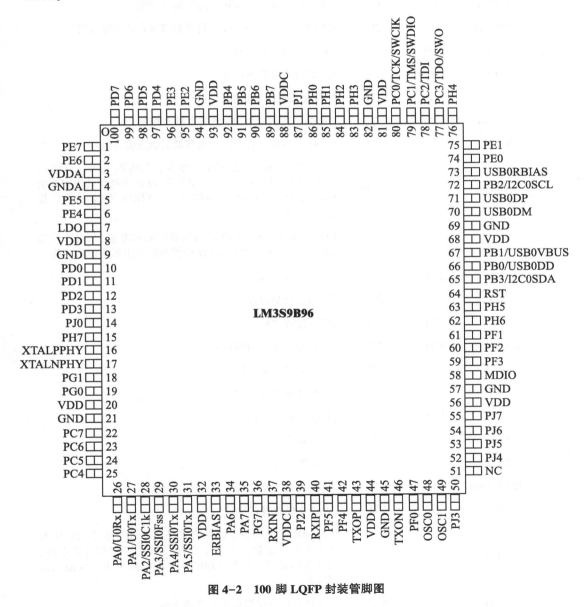

图 4-2　100 脚 LQFP 封装管脚图

每个管脚的说明如表 4-1 至表 4-5 所示。

表 4-1 按管脚序号列出的信号

管脚序号	管脚名称	管脚类型	缓冲类型[a]	描述
1	PE7	I/O	TTL	GPIO 端口 E 第 7 位
	AIN0	I	模拟	模-数转换器输入端 0
	C2o	O	TTL	模拟比较器 2 输出端
	PWM5	O	TTL	PWM5。此信号由 PWM 发生器 2 控制
	U1DCD	I	TTL	UART 1 模块数据载波检测调制解调器状态输入信号
2	PE6	I/O	TTL	GPIO 端口 E 第 6 位
	AIN1	I	模拟	模-数转换器输入端 1
	C1o	O	TTL	模拟比较器 1 输出端
	PWM4	O	TTL	PWM4。此信号由 PWM 发生器 2 控制
	U1CTS	I	TTL	UART 1 模块允许发送调制解调器状态输入信号
3	VDDA	—	电源	模拟电路（ADC、模拟比较器等）的电源正端（3.3V）。VDDA 应与 VDD 分开，尽量避免 VDD 中携带的噪声影响模拟功能。不论系统如何实施，VDDA 管脚必须连接 3.3V 电平
4	GNDA	—	电源	模拟电路（ADC、模拟比较器等）的参考地。GNDA 应与 GND 分开，尽量避免 VDD 中携带的噪声影响模拟功能
5	PE5	I/O	TTL	GPIO 端口 E 第 5 位
	AIN2	I	模拟	模-数转换器输入端 2
	CCP5	I/O	TTL	捕获/比较/PWM 5
	I2S0TXSD	I/O	TTL	I2S 模块 0 发送数据信号
6	PE4	I/O	TTL	GPIO 端口 E 第 4 位
	AIN3	I	模拟	模-数转换器输入端 3
	CCP2	I/O	TTL	捕获/比较/PWM2
	CCP3	I/O	TTL	捕获/比较/PWM3
	Fault0	I	TTL	PWM 故障 0
	I2S0TXWS	I/O	TTL	I2S 模块 0 发送字选择信号
	U2Tx	O	TTL	UART 2 模块发送信号
7	LDO	—	电源	LDO 稳压器输出端。此管脚需要在外部与地之间连接大于 1μF 的电容器。当采用片内 LDO 为逻辑部分供电时，LDO 管脚必须连接到 VDDC 上，在线路板上，并添加去耦电容
8	VDD	—	电源	为 I/O 及部分逻辑供电的电源正端

（续表）

管脚序号	管脚名称	管脚类型	缓冲类型ª	描述
9	GND	—	电源	逻辑及 I/O 管脚的参考地
10	PD0	I/O	TTL	GPIO 端口 D 第 0 位
	AIN15	I	模拟	模−数转换器输入端 15
	CAN0Rx	I	TTL	CAN 模块 0 接收信号
	CCP6	I/O	TTL	捕获/比较/PWM6
	I2S0RXSCK	I/O	TTL	I2S 模块 0 接收时钟信号
	IDX0	I	TTL	QEI0 模块索引信号
	PWM0	O	TTL	PWM0。此信号由 PWM 发生器 0 控制
	U1CTS	I	TTL	UART 1 模块请求发送调制解调器状态输入信号
	U1Rx	I	TTL	UART 1 模块接收信号。在 IrDA 模式下，此信号将经过 IrDA 调制
	U2Rx	I	TTL	UART 2 模块接收信号。在 IrDA 模式下，此信号将经过 IrDA 调制
11	PD1	I/O	TTL	GPIO 端口 D 第 1 位
	AIN14	I	模拟	模−数转换器输入端 14
	CAN0Tx	O	TTL	CAN 模块 0 发送信号
	CCP2	I/O	TTL	捕获/比较/PWM2
	CCP7	I/O	TTL	捕获/比较/PWM7
	I2S0RXWS	I/O	TTL	I2S 模块 0 接收字选择信号
	PWM1	O	TTL	PWM1。此信号由 PWM 发生器 0 控制
	PhA0	I	TTL	QEI0 模块 A 相信号
	PhB1	I	TTL	QEI 模块 B 相信号
	U1DCD	I	TTL	UART 1 模块数据载波检测调制解调器状态输入信号
	U1Tx	O	TTL	UART 1 模块发送信号。在 IrDA 模式下，此信号将经过 IrDA 调制
	U2Tx	O	TTL	UART 2 模块发送信号。在 IrDA 模式下，此信号将经过 IrDA 调制
12	PD2	I/O	TTL	GPIO 端口 D 第 2 位
	AIN13	I	模拟	模−数转换器输入端 13
	CCP5	I/O	TTL	捕获/比较/PWM5
	CCP6	I/O	TTL	捕获/比较/PWM6

（续表）

管脚 序号	管脚 名称	管脚 类型	缓冲 类型ª	描述
	EPIOS20	I/O	TTL	EPI 模块 0 的信号 20
	PWM2	O	TTL	PWM2。此信号由 PWM 发生器 1 控制
	U1Rx	I	TTL	UART 1 模块接收信号。在 IrDA 模式下，此信号将经过 IrDA 调制
13	PD3	I/O	TTL	GPIO 端口 D 第 3 位
	AIN12	I	模拟	模-数转换器输入端 12
	CCP0	I/O	TTL	捕获/比较/PWM0
	CCP7	I/O	TTL	捕获/比较/PWM7
	EPIOS21	I/O	TTL	EPI 模块 0 的信号 21
	PWM3	O	TTL	PWM3。此信号由 PWM 发生器 1 控制
	U1Tx	O	TTL	UART 1 模块发送信号。在 IrDA 模式下，此信号将经过 IrDA 调制
14	EPIOS16	I/O	TTL	EPI 模块 0 的信号 16
	I2C 1SCL	I/O	开漏	I2C 模块 1 的时钟信号
	PJ0	I/O	TTL	GPIO 端口 J 第 0 位
	PWM0	O	TTL	PWM0。此信号由 PWM 发生器 0 控制
15	PH7	I/O	TTL	GPIO 端口 H 第 7 位
	EPIOS27	I/O	TTL	EPI 模块 0 的信号 27
	PWM5	O	TTL	PWM5。此信号由 PWM 发生器 2 控制
	SSI1Tx	O	TTL	SSI 模块 1 的发送信号
16	XTALPPHY	I	模拟	以太网 PHY XTALP 25MHz 晶体振荡输入端
17	XTALNPHY	O	模拟	以太网 PHY XTALP 25MHz 晶体振荡输出端
18	PG1	I/O	TTL	GPIO 端口 G 第 1 位
	EPIOS14	I/O	TTL	EPI 模块 0 的信号 14
	I2C 1SDA	I/O	开漏	I2C 模块 1 的数据信号
	PWM1	O	TTL	PWM1。此信号由 PWM 发生器 0 控制
	PWM5	O	TTL	PWM5。此信号由 PWM 发生器 2 控制
	U2Tx	O	TTL	UART 2 模块发送信号。在 IrDA 模式下，此信号将经过 IrDA 调制
19	PG0	I/O	TTL	GPIO 端口 G 第 0 位
	EPIOS13	I/O	TTL	EPI 模块 0 的信号 13

（续表）

管脚序号	管脚名称	管脚类型	缓冲类型[a]	描述
	I2C 1SCL	I/O	开漏	I2C 模块 1 的时钟信号
	PWM0	O	TTL	PWM0。此信号由 PWM 发生器 0 控制
	PWM4	O	TTL	PWM4。此信号由 PWM 发生器 2 控制
	U2Rx	I	TTL	UART 2 模块接收信号。在 IrDA 模式下，此信号将经过 IrDA 调制
	USB0EPEN	O	TTL	在主机模式下可选用此管脚。可控制外部电源为 USB 总线供电
20	VDD	—	电源	为 I/O 及部分逻辑供电的电源正端
21	GND	—	电源	逻辑及 I/O 管脚的参考地
22	PC7	I/O	TTL	GPIO 端口 C 第 7 位
	C1o	O	TTL	模拟比较器 1 输出端
	C2-	I	模拟	模拟比较器 2 输入负端
	CCP0	I/O	TTL	捕获/比较/PWM0
	CCP4	I/O	TTL	捕获/比较/PWM4
	EPI0S5	I/O	TTL	EPI 模块 0 的信号 5
	PhB0	I	TTL	QEI 0 模块 B 相信号
	U1Tx	O	TTL	UART 1 模块发送信号。在 IrDA 模式下，此信号将经过 IrDA 调制
	USB0PFLT	I	TTL	在主机模式下可选用此管脚。当采用外部电源为 USB 总线供电时，可指示外部电源的错误状态
23	PC6	I/O	TTL	GPIO 端口 C 第 6 位
	C2+	I	模拟	模拟比较器 2 输入正端
	C2o	O	TTL	模拟比较器 2 输出端
	CCP0	I/O	TTL	捕获/比较/PWM0
	CCP3	I/O	TTL	捕获/比较/PWM3
	EPI0S4	I/O	TTL	EPI 模块 0 的信号 4
	PWM7	O	TTL	PWM7。此信号由 PWM 发生器 3 控制
	PhB0	I	TTL	QEI 0 模块 B 相信号
	U1Rx	I	TTL	UART 1 模块接收信号。在 IrDA 模式下，此信号将经过 IrDA 调制
	USB0PFLT	I	TTL	在主机模式下可选用此管脚。当采用外部电源为 USB 总线供电时，可指示外部电源的错误状态

（续表）

管脚序号	管脚名称	管脚类型	缓冲类型ª	描述
24	PC5	I/O	TTL	GPIO 端口 C 第 5 位
	C0o	O	TTL	模拟比较器 0 输出端
	C1+	I	模拟	模拟比较器 1 输入正端
	C1o	O	TTL	模拟比较器 1 输出端
	CCP1	I/O	TTL	捕获/比较/PWM1
	CCP3	I/O	TTL	捕获/比较/PWM3
	EPI0S3	I/O	TTL	EPI 模块 0 的信号 3
	Fault2	I	TTL	PWM 故障 2 信号
	USB0EPEN	O	TTL	在主机模式下可选用此管脚。可控制外部电源为 USB 总线供电
25	PC4	I/O	TTL	GPIO 端口 C 第 4 位
	CCP1	I/O	TTL	捕获/比较/PWM1
	CCP2	I/O	TTL	捕获/比较/PWM2
	CCP4	I/O	TTL	捕获/比较/PWM4
	CCP5	I/O	TTL	捕获/比较/PWM5
	EPI0S2	I/O	TTL	EPI 模块 0 的信号 2
	PWM6	O	TTL	PWM6。此信号由 PWM 发生器 3 控制
	PhA0	I	TTL	QEI0 模块 A 相信号
26	PA0	I/O	TTL	GPIO 端口 A 第 0 位
	I2C 1SCL	I/O	开漏	I2C 模块 1 的时钟信号
	U0Rx	I	TTL	UART 0 模块接收信号。在 IrDA 模式下，此信号将经过 IrDA 调制
	U1Rx	I	TTL	UART 1 模块接收信号。在 IrDA 模式下，此信号将经过 IrDA 调制
27	PA1	I/O	TTL	GPIO 端口 A 第 1 位
	I2C 1SDA	I/O	开漏	I2C 模块 1 的数据信号
	U0Tx	O	TTL	UART 0 模块发送信号。在 IrDA 模式下，此信号将经过 IrDA 调制
	U1Tx	O	TTL	UART 1 模块发送信号。在 IrDA 模式下，此信号将经过 IrDA 调制
28	PA2	I/O	TTL	GPIO 端口 A 第 2 位

管脚序号	管脚名称	管脚类型	缓冲类型[a]	描述
	I2S0RXSD	I/O	TTL	I2S 模块 0 接收数据信号
	PWM4	O	TTL	PWM4。此信号由 PWM 发生器 2 控制
	SSI0Clk	I/O	TTL	SSI 模块 0 时钟信号
29	PA3	I/O	TTL	GPIO 端口 A 第 3 位
	I2S0RXMCLK	I/O	TTL	I2S 模块 0 接收主时钟信号
	PWM5	O	TTL	PWM5。此信号由 PWM 发生器 2 控制
	SSI0Fss	I/O	TTL	SSI 模块 0 帧信号
30	PA4	I/O	TTL	GPIO 端口 A 第 4 位
	CAN0Rx	I	TTL	CAN 模块 0 接收信号
	I2S0TXSCK	I/O	TTL	I2S 模块 0 发送时钟信号
	PWM6	O	TTL	PWM6。此信号由 PWM 发生器 3 控制
	SSI0Rx	I	TTL	SSI 模块 0 接收信号
31	PA5	I/O	TTL	GPIO 端口 A 第 5 位
	CAN0Tx	O	TTL	CAN 模块 0 发送信号
	I2S0TXWS	I/O	TTL	I2S 模块 0 发送字选择信号
	PWM7	O	TTL	PWM7。此信号由 PWM 发生器 3 控制
	SSI0Tx	O	TTL	SSI 模块 0 发送信号
32	VDD	—	电源	为 I/O 及部分逻辑供电的电源正端
33	ERBIAS	O	模拟	连接 12.4kΩ（精度 1%）电阻器，以太网 PHY 用
34	PA6	I/O	TTL	GPIO 端口 A 第 6 位
	CAN0Rx	I	TTL	CAN 模块 0 接收信号
	CCP1	I/O	TTL	捕获/比较/PWM1
	I2C 1SCL	I/O	开漏	I2S 模块 1 的时钟信号
	PWM0	O	TTL	PWM0。此信号由 PWM 发生器 0 控制
	PWM4	O	TTL	PWM4。此信号由 PWM 发生器 2 控制
	U1CTS	I	TTL	UART 1 模块请求发送调制解调器状态输入信号
	USB0EPEN	O	TTL	在主机模式下可选用此管脚。可控制外部电源为 USB 总线供电
35	PA7	I/O	TTL	GPIO 端口 A 第 7 位
	CAN0Tx	O	TTL	CAN 模块 0 发送信号

（续表）

管脚序号	管脚名称	管脚类型	缓冲类型[a]	描述
	CCP3	I/O	TTL	捕获/比较/PWM3
	CCP4	I/O	TTL	捕获/比较/PWM4
	I2C 1SDA	I/O	开漏	I2S 模块 1 的数据信号
	PWM1	O	TTL	PWM1。此信号由 PWM 发生器 0 控制
	PWM5	O	TTL	PWM5。此信号由 PWM 发生器 2 控制
	U1DCD	I	TTL	UART1 模块数据载波检测调制解调器状态输入信号
	USB0PFLT	I	TTL	在主机模式下可选用此管脚。当采用外部电源为 USB 总线供电时，可指示外部电源的错误状态
36	PG7	I/O	TTL	GPIO 端口 G 第 7 位
	CCP5	I/O	TTL	捕获/比较/PWM5
	EPIOS31	I/O	TTL	EPI 模块 0 的信号 31
	PWM7	O	TTL	PWM7。此信号由 PWM 发生器 3 控制
	PhB1	I	TTL	QEI1 模块 B 相信号
37	RXIN	I	模拟	以太网 PHY 的 RXIN 信号
38	VDDC	—	电源	为主要的逻辑部分（包括处理器内核以及大部分片上外设）供电的电源正端
39	CCP0	I/O	TTL	捕获/比较/PWM0
	EPIOS18	I/O	TTL	EPI 模块 0 的信号 18
	Fault0	I	TTL	PWM 故障 0 信号
	PJ2	I/O	TTL	GPIO 端口 J 第 2 位
40	RXIP	I	模拟	以太网 PHY 的 RXIP 信号
41	PF5	I/O	TTL	GPIO 端口 F 第 5 位
	C1o	O	TTL	模拟比较器 1 输出端
	CCP2	I/O	TTL	捕获/比较/PWM2
	EPIOS15	I/O	TTL	EPI 模块 0 的信号 15
	SSI1Tx	O	TTL	SSI 模块 1 的发送信号
42	PF4	I/O	TTL	GPIO 端口 F 第 4 位
	C0o	O	TTL	模拟比较器 0 输出端
	CCP0	I/O	TTL	捕获/比较/PWM0
	EPIOS12	I/O	TTL	EPI 模块 0 的信号 12

（续表）

管脚序号	管脚名称	管脚类型	缓冲类型[a]	描述
	Fault0	I	TTL	PWM 故障 0 信号
	SSI1Rx	I	TTL	SSI 模块 1 的接收信号
43	TXOP	O	TTL	以太网 PHY 的 TXOP 信号
44	VDD	—	电源	为 I/O 及部分逻辑供电的电源正端
45	GND	—	电源	逻辑及 I/O 管脚的参考地
46	TXON	O	TTL	以太网 PHY 的 TXON 信号
47	PF0	I/O	TTL	GPIO 端口 F 第 0 位
	CAN1Rx	I	TTL	CAN 模块 1 接收信号
	I2S0TXSD	I/O	TTL	I2S 模块 0 发送数据信号
	PWM0	O	TTL	PWM0。此信号由 PWM 发生器 0 控制
	PhB0	I	TTL	QEI0 模块 B 相信号
	U1DSR	I	TTL	UART 1 模块数据设备就绪调制解调器输出控制信号
48	OSC0	I	模拟	主晶体振荡器输入信号或外部参考时钟源输入端
49	OSC1	O	模拟	主晶体振荡器输出信号。当使用外部单端参考时钟源时，此管脚应悬空
50	CCP6	I/O	TTL	捕获/比较/PWM6
	EPI0S19	I/O	TTL	EPI 模块 0 的信号 19
	PJ3	I/O	TTL	GPIO 端口 J 第 3 位
	U1CTS	I	TTL	UART 1 模块请求发送调制解调器状态输入信号
51	NC	—	—	无连接。此管脚应悬空，不得与线路板上其他部分有电气连接
52	CCP4	I/O	TTL	捕获/比较/PWM4
	EPI0S28	I/O	TTL	EPI 模块 0 的信号 28
	PJ4	I/O	TTL	GPIO 端口 J 第 4 位
	U1DCD	I	TTL	UART1 模块数据载波检测调制解调器状态输入信号
53	CCP2	I/O	TTL	捕获/比较/PWM2
	EPI0S29	I/O	TTL	EPI 模块 0 的信号 29
	PJ5	I/O	TTL	GPIO 端口 J 第 5 位
	U1DSR	I	TTL	UART 1 模块数据设备就绪调制解调器输出控制信号
54	CCP1	I/O	TTL	捕获/比较/PWM1

（续表）

管脚序号	管脚名称	管脚类型	缓冲类型[a]	描述
	EPI0S30	I/O	TTL	EPI 模块 0 的信号 30
	PJ6	I/O	TTL	GPIO 端口 J 第 6 位
	U1RTS	O	TTL	UART 1 模块请求发送调制解调器输出控制信号
55	CCP0	I/O	TTL	捕获/比较/PWM0
	PJ7	I/O	TTL	GPIO 端口 J 第 7 位
	U1DTR	O	TTL	UART 1 模块数据中断就绪调制解调器状态输入信号
56	VDD	—	电源	为 I/O 及部分逻辑供电的电源正端
57	GND	—	电源	逻辑及 I/O 管脚的参考地
58	MDIO	I/O	开漏	以太网 PHY 的 MDIO 信号
59	PF3	I/O	TTL	GPIO 端口 F 第 3 位
	LED0	O	TTL	以太网 LED 0
	PWM3	O	TTL	PWM3。此信号由 PWM 发生器 1 控制
	PWM5	O	TTL	PWM5。此信号由 PWM 发生器 2 控制
	SSI1Fss	I/O	TTL	SSI 模块 1 的帧信号
60	PF2	I/O	TTL	GPIO 端口 F 第 2 位
	LED1	O	TTL	以太网 LED1
	PWM2	O	TTL	PWM2。此信号由 PWM 发生器 1 控制
	PWM4	O	TTL	PWM4。此信号由 PWM 发生器 2 控制
	SSI1Clk	I/O	TTL	SSI 模块 1 的时钟信号
61	PF1	I/O	TTL	GPIO 端口 F 第 1 位
	CAN1Tx	O	TTL	CAN 模块 1 发送信号
	CCP3	I/O	TTL	捕获/比较/PWM3
	I2S0TXMCLK	I/O	TTL	I2S 模块 0 发送主时钟信号
	IDX1	I	TTL	QEI1 模块索引信号
	PWM1	O	TTL	PWM 1。此信号由 PWM 发生器 0 控制
	U1RTS	O	TTL	UART 1 模块请求发送调制解调器输出控制信号
62	PH6	I/O	TTL	GPIO 端口 H 第 6 位
	EPI0S26	I/O	TTL	EPI 模块 0 的信号 26
	PWM4	O	TTL	PWM4。此信号由 PWM 发生器 2 控制
	SSI1Rx	I	TTL	SSI 模块 1 的接收信号

管脚序号	管脚名称	管脚类型	缓冲类型ᵃ	描述
63	PH5	I/O	TTL	GPIO 端口 H 第 5 位
	EPI0S11	I/O	TTL	EPI 模块 0 的信号 11
	Fault2	I	TTL	PWM 故障 2 信号
	SSI1Fss	I/O	TTL	SSI 模块 1 的帧信号
64	$\overline{RST}$	I	TTL	系统复位输入信号
65	PB3	I/O	TTL	GPIO 端口 B 第 3 位
	Fault0	I	TTL	PWM 故障 0 信号
	Fault3	I	TTL	PWM 故障 3 信号
	I2C 0SDA	I/O	开漏	I2C 模块 0 的数据信号
	USB0PFLT	I	TTL	在主机模式下可选用此管脚。当采用外部电源为 USB 总线供电时，可指示外部电源的错误状态
66	PB0	I/O	TTL	GPIO 端口 B 第 0 位
	CCP0	I/O	TTL	捕获/比较/PWM0
	PWM2	O	TTL	PWM2。此信号由 PWM 发生器 1 控制
	U1Rx	I	TTL	UART 1 模块接收信号。在 IrDA 模式下，此信号将经过 IrDA 调制
	USB0ID	I	模拟	此信号用于检测 USB ID 信号的状态。此时 USB PHY 将在内部使能一个上拉电阻，通过外部元件（USB 连接器）检测 USB 控制器的初始状态（即电缆的 A 侧设置下拉电阻，B 侧设置上拉电阻）
67	PB1	I/O	TTL	GPIO 端口 B 第 1 位
	CCP1	I/O	TTL	捕获/比较/PWM1
	CCP2	I/O	TTL	捕获/比较/PWM2
	PWM3	O	TTL	PWM3。此信号由 PWM 发生器 1 控制
	U1Tx	O	TTL	UART 1 模块发送信号。在 IrDA 模式下，此信号将经过 IrDA 调制
	USB0VBUS	I/O	模拟	此信号用于会话请求协议。USB PHY 可通过此信号检测 VBUS 的电平，并在 VBUS 脉冲期间短时上拉
68	VDD	—	电源	为 I/O 及部分逻辑供电的电源正端
69	GND	—	电源	逻辑及 I/O 管脚的参考地
70	USB0DM	I/O	模拟	双向差分数据管脚（即 USB 规范中的 D−）
71	USB0DP	I/O	模拟	双向差分数据管脚（即 USB 规范中的 D+）

（续表）

管脚序号	管脚名称	管脚类型	缓冲类型[a]	描述
72	PB2	I/O	TTL	GPIO 端口 B 第 2 位
	CCP0	I/O	TTL	捕获/比较/PWM0
	CCP3	I/O	TTL	捕获/比较/PWM3
	I2C 0SCL	I/O	开漏	I2C 模块 0 的时钟信号
	IDX0	I	TTL	QEI0 模块索引信号
	USB0EPEN	O	TTL	在主机模式下可选用此管脚。可控制外部电源为 USB 总线供电
73	USB0RBIAS	O	模拟	连接 9.1kΩ（精度 1%）电阻器，USB 模拟电路用
74	PE0	I/O	TTL	GPIO 端口 E 第 0 位
	CCP3	I/O	TTL	捕获/比较/PWM3
	EPI0S8	I/O	TTL	EPI 模块 0 的信号 8
	PWM4	O	TTL	PWM4。此信号由 PWM 发生器 2 控制
	SSI1Clk	I/O	TTL	SSI 模块 1 的时钟信号
	USB0PFLT	I	TTL	在主机模式下可选用此管脚。当采用外部电源为 USB 总线供电时，可指示外部电源的错误状态
75	PE1	I/O	TTL	GPIO 端口 E 第 1 位
	CCP2	I/O	TTL	捕获/比较/PWM2
	CCP6	I/O	TTL	捕获/比较/PWM6
	EPI0S9	I/O	TTL	EPI 模块 0 的信号 9
	Fault0	I	TTL	PWM 故障 0
	PWM5	O	TTL	PWM5。此信号由 PWM 发生器 2 控制
	SSI1Fss	I/O	TTL	SSI 模块 1 的帧信号
76	PH4	I/O	TTL	GPIO 端口 H 第 4 位
	EPI0S10	I/O	TTL	EPI 模块 0 的信号 10
	SSI1Clk	I/O	TTL	SSI 模块 1 的时钟信号
	USB0PFLT	I	TTL	在主机模式下可选用此管脚。当采用外部电源为 USB 总线供电时，可指示外部电源的错误状态
77	PC3	I/O	TTL	GPIO 端口 C 第 3 位
	SWO	O	TTL	JTAG TDO 及 SWO 信号
	TDO	O	TTL	JTAG TDO 及 SWO 信号
78	PC2	I/O	TTL	GPIO 端口 C 第 2 位

（续表）

管脚序号	管脚名称	管脚类型	缓冲类型[a]	描述
	TDI	I	TTL	JTAG TDI 信号
79	PC1	I/O	TTL	GPIO 端口 C 第 1 位
	SWDIO	I/O	TTL	JTAG TMS 及 SWDIO 信号
	TMS	I	TTL	JTAG TMS 及 SWDIO 信号
80	PC0	I/O	TTL	GPIO 端口 C 第 0 位
	SWCLK	I	TTL	JTAG/SWD CLK 信号
	TCK	I	TTL	JTAG/SWD CLK 信号
81	VDD	—	电源	为 I/O 及部分逻辑供电的电源正端
82	GND	—	电源	逻辑及 I/O 管脚的参考地
83	PH3	I/O	TTL	GPIO 端口 H 第 3 位
	EPI0S0	I/O	TTL	EPI 模块 0 的信号 0
	Fault0	I	TTL	PWM 故障 0
	PhB0	I	TTL	QEI0 模块 B 相信号
	USB0EPEN	O	TTL	在主机模式下可选用此管脚。可控制外部电源为 USB 总线供电
84	PH2	I/O	TTL	GPIO 端口 H 第 2 位
	C1o	O	TTL	模拟比较器 1 输出端
	EPI0S1	I/O	TTL	EPI 模块 0 的信号 1
	Fault3	I	TTL	PWM 故障 3
	IDX1	I	TTL	QEI1 模块索引信号
85	PH1	I/O	TTL	GPIO 端口 H 第 1 位
	CCP7	I/O	TTL	捕获/比较/PWM7
	EPI0S7	I/O	TTL	EPI 模块 0 的信号 7
	PWM3	O	TTL	PWM3。此信号由 PWM 发生器 1 控制
	PWM5	O	TTL	PWM5。此信号由 PWM 发生器 2 控制
86	PH0	I/O	TTL	GPIO 端口 H 第 0 位
	CCP6	I/O	TTL	捕获/比较/PWM6
	EPI0S6	I/O	TTL	EPI 模块 0 的信号 6
	PWM2	O	TTL	PWM2。此信号由 PWM 发生器 1 控制
	PWM4	O	TTL	PWM4。此信号由 PWM 发生器 2 控制
87	EPI0S17	I/O	TTL	EPI 模块 0 的信号 17

管脚序号	管脚名称	管脚类型	缓冲类型[a]	描述
	I2C 1SDA	I/O	开漏	I2C 模块 1 的数据信号
	PJ1	I/O	TTL	GPIO 端口 J 第 1 位
	PWM1	O	TTL	PWM1。此信号由 PWM 发生器 0 控制
	USB0PFLT	I	TTL	在主机模式下可选用此管脚。当采用外部电源为 USB 总线供电时，可指示外部电源的错误状态
88	VDDC	—	电源	为主要的逻辑部分（包括处理器内核以及大部分片上外设）供电的电源正端
89	PB7	I/O	TTL	GPIO 端口 B 第 7 位
	NMI	I	TTL	不可屏蔽中断输入信号
90	PB6	I/O	TTL	GPIO 端口 B 第 6 位
	C0+	I	模拟	模拟比较器 0 输入正端
	C0o	O	TTL	模拟比较器 0 输出端
	CCP1	I/O	TTL	捕获/比较/PWM1
	CCP5	I/O	TTL	捕获/比较/PWM5
	CCP7	I/O	TTL	捕获/比较/PWM7
	Fault1	I	TTL	PWM 故障 1
	I2S0TXSCK	I/O	TTL	I2S 模块 0 发送时钟信号
	IDX0	I	TTL	QEI0 模块索引信号
	VREFA	I	模拟	此输入端提供 A/D 转换的参考电压，ADC 以此电压作为满量程输入电压。也就是说，若 AINn 输入的信号电压与 VREFA 电压相等，则转换结果为 1023
91	PB5	I/O	TTL	GPIO 端口 B 第 5 位
	AIN11	I	模拟	模-数转换器输入端 11
	C0o	O	TTL	模拟比较器 0 输出端
	C1-	I	模拟	模拟比较器 1 输入负端
	CAN0Tx	O	TTL	CAN 模块 0 发送信号
	CCP0	I/O	TTL	捕获/比较/PWM0
	CCP2	I/O	TTL	捕获/比较/PWM2
	CCP5	I/O	TTL	捕获/比较/PWM5
	CCP6	I/O	TTL	捕获/比较/PWM6
	EPIOS22	I/O	TTL	EPI 模块 0 的信号 22

（续表）

管脚序号	管脚名称	管脚类型	缓冲类型[a]	描述
	U1Tx	O	TTL	UART 1 模块发送信号。在 IrDA 模式下，此信号将经过 IrDA 调制
92	PB4	I/O	TTL	GPIO 端口 B 第 4 位
	AIN10	I	模拟	模−数转换器输入端 10
	C0−	I	模拟	模拟比较器 0 输入负端
	CAN0Rx	I	TTL	CAN 模块 0 接收信号
	EPI0S23	I/O	TTL	EPI 模块 0 的信号 23
	IDX0	I	TTL	QEI0 模块索引信号
	U1Rx	I	TTL	UART 1 模块接收信号。在 IrDA 模式下，此信号将经过 IrDA 调制
	U2Rx	I	TTL	UART 2 模块接收信号。在 IrDA 模式下，此信号将经过 IrDA 调制
93	VDD	—	电源	为 I/O 及部分逻辑供电的电源正端
94	GND	—	电源	逻辑及 I/O 管脚的参考地
95	PE2	I/O	TTL	GPIO 端口 E 第 2 位
	AIN9	I	模拟	模−数转换器输入端 9
	CCP2	I/O	TTL	捕获/比较/PWM2
	CCP4	I/O	TTL	捕获/比较/PWM4
	EPI0S24	I/O	TTL	EPI 模块 0 的信号 24
	PhA0	I	TTL	QEI0 模块 A 相信号
	PhB1	I	TTL	QEI1 模块 B 相信号
	SSI1Rx	I	TTL	SSI 模块 1 的接收信号
96	PE3	I/O	TTL	GPIO 端口 E 第 3 位
	AIN8	I	模拟	模−数转换器输入端 8
	CCP1	I/O	TTL	捕获/比较/PWM1
	CCP7	I/O	TTL	捕获/比较/PWM7
	EPI0S25	I/O	TTL	EPI 模块 0 的信号 25
	PhA1	I	TTL	QEI1 模块 A 相信号
	PhB0	I	TTL	QEI0 模块 B 相信号
	SSI1Tx	O	TTL	SSI 模块 1 的发送信号
97	PD4	I/O	TTL	GPIO 端口 D 第 4 位

（续表）

管脚序号	管脚名称	管脚类型	缓冲类型[a]	描述
	AIN7	I	模拟	模−数转换器输入端 7
	CCP0	I/O	TTL	捕获/比较/PWM0
	CCP3	I/O	TTL	捕获/比较/PWM3
	EPI0S19	I/O	TTL	EPI 模块 0 的信号 19
	I2S0RXSD	I/O	TTL	I2S 模块 0 接收数据信号
	U1RI	I	TTL	UART 1 模块振铃指示调制解调器状态输入信号
98	PD5	I/O	TTL	GPIO 端口 D 第 5 位
	AIN6	I	模拟	模−数转换器输入端 6
	CCP2	I/O	TTL	捕获/比较/PWM2
	CCP4	I/O	TTL	捕获/比较/PWM4
	EPI0S28	I/O	TTL	EPI 模块 0 的信号 28
	I2S0RXMCLK	I/O	TTL	I2S 模块 0 接收主时钟信号
	U2Rx	I	TTL	UART2 模块接收信号。在 IrDA 模式下，此信号将经过 IrDA 调制
99	PD6	I/O	TTL	GPIO 端口 D 第 6 位
	AIN5	I	模拟	模−数转换器输入端 5
	EPI0S29	I/O	TTL	EPI 模块 0 的信号 29
	Fault0	I	TTL	PWM 故障 0
	I2S0TXSCK	I/O	TTL	I2S 模块 0 发送时钟信号
	U2Tx	O	TTL	UART2 模块发送信号
100	PD7	I/O	TTL	GPIO 端口 D 第 7 位
	AIN4	I	模拟	模−数转换器输入端 4
	C0o	O	TTL	模拟比较器 0 输出端
	CCP1	I/O	TTL	捕获/比较/PWM1
	EPI0S30	I/O	TTL	EPI 模块 0 的信号 30
	I2S0TXWS	I/O	TTL	I2S 模块 0 发送字选择信号
	IDX0	I	TTL	QEI0 模块索引信号
	U1DTR	O	TTL	UART 1 模块数据中断就绪调制解调器状态输入信号

a："TTL" 表示该管脚兼容 TTL 电平标准

表 4-2　按信号名称列出的信号

管脚名称	管脚序号	复用管脚/赋值	管脚类型	缓冲类型[a]	描述
AIN0	1	PE7	I	模拟	模–数转换器输入端 0
AIN1	2	PE6	I	模拟	模–数转换器输入端 1
AIN2	5	PE5	I	模拟	模–数转换器输入端 2
AIN3	6	PE4	I	模拟	模–数转换器输入端 3
AIN4	100	PD7	I	模拟	模–数转换器输入端 4
AIN5	99	PD6	I	模拟	模–数转换器输入端 5
AIN6	98	PD5	I	模拟	模–数转换器输入端 6
AIN7	97	PD4	I	模拟	模–数转换器输入端 7
AIN8	96	PE3	I	模拟	模–数转换器输入端 8
AIN9	95	PE2	I	模拟	模–数转换器输入端 9
AIN10	92	PB4	I	模拟	模–数转换器输入端 10
AIN11	91	PB5	I	模拟	模–数转换器输入端 11
AIN12	13	PD3	I	模拟	模–数转换器输入端 12
AIN13	12	PD2	I	模拟	模–数转换器输入端 13
AIN14	11	PD1	I	模拟	模–数转换器输入端 14
AIN15	10	PD0	I	模拟	模–数转换器输入端 15
C0+	90	PB6	I	模拟	模拟比较器 0 输入正端
C0–	92	PB4	I	模拟	模拟比较器 0 输入负端
C0o	24	PC5 (3)	O	TTL	模拟比较器 0 输出端
	42	PF4 (2)			
	90	PB6 (3)			
	91	PB5 (1)			
	100	PD7 (2)			
C1+	24	PC5	I	模拟	模拟比较器 1 输入正端
C1–	91	PB5	I	模拟	模拟比较器 1 输入负端
C1o	2	PE6 (2)	O	TTL	模拟比较器 1 输出端
	22	PC7 (7)			
	24	PC5 (2)			
	41	PF5 (2)			
	84	PH2 (2)			
C2+	23	PC6	I	模拟	模拟比较器 2 输入正端

（续表）

管脚名称	管脚序号	复用管脚/赋值	管脚类型	缓冲类型[a]	描述
C2−	22	PC7	I	模拟	模拟比较器 2 输入负端
C2o	1	PE7（2）	O	TTL	模拟比较器 2 输出端
	23	PC6（3）			
CAN0Rx	10	PD0（2）	I	TTL	CAN 模块 0 接收信号
	30	PA4（5）			
	34	PA6（6）			
	92	PB4（5）			
CAN0Tx	11	PD1（2）	O	TTL	CAN 模块 0 发送信号
	31	PA5（5）			
	35	PA7（6）			
	91	PB5（5）			
CAN1Rx	47	PF0（1）	I	TTL	CAN 模块 1 接收信号
CAN1Tx	61	PF1（1）	O	TTL	CAN 模块 1 发送信号
CP0	13	PD3（4）	I/O	TTL	捕获/比较/PWM0
	22	PC7（4）			
	23	PC6（6）			
	39	PJ2（9）			
	42	PF4（1）			
	55	PJ7（10）			
	66	PB0（1）			
	72	PB2（5）			
	91	PB5（4）			
	97	PD4（1）			
CCP1	24	PC5（1）	I/O	TTL	捕获/比较/PWM1
	25	PC4（9）			
	34	PA6（2）			
	54	PJ6（10）			
	67	PB1（4）			
	90	PB6（1）			
	96	PE3（1）			
	100	PD7（3）			

（续表）

管脚名称	管脚序号	复用管脚/赋值	管脚类型	缓冲类型^a	描述
CCP2	6	PE4 (6)	I/O	TTL	捕获/比较/PWM2
	11	PD1 (10)			
	25	PC4 (5)			
	41	PF5 (1)			
	53	PJ5 (10)			
	67	PB1 (1)			
	75	PE1 (4)			
	91	PB5 (6)			
	95	PE2 (5)			
	98	PD5 (1)			
CCP3	6	PE4 (1)	I/O	TTL	捕获/比较/PWM3
	23	PC6 (1)			
	24	PC5 (5)			
	35	PA7 (7)			
	61	PF1 (10)			
	72	PB2 (4)			
	74	PE0 (3)			
	97	PD4 (2)			
CCP4	22	PC7 (1)	I/O	TTL	捕获/比较/PWM4
	25	PC4 (6)			
	35	PA7 (2)			
	52	PJ4 (10)			
	95	PE2 (1)			
	98	PD5 (2)			
CCP5	5	PE5 (1)	I/O	TTL	捕获/比较/PWM5
	12	PD2 (4)			
	25	PC4 (1)			
	36	PG7 (8)			
	90	PB6 (6)			
	91	PB5 (2)			
CCP6	10	PD0 (6)	I/O	TTL	捕获/比较/PWM6

（续表）

管脚名称	管脚序号	复用管脚/赋值	管脚类型	缓冲类型ᵃ	描述
	12	PD2（2）			
	50	PJ3（10）			
	75	PE1（5）			
	86	PH0（1）			
	91	PB5（3）			
CCP7	11	PD1（6）	I/O	TTL	捕获/比较/PWM7
	13	PD3（2）			
	85	PH1（1）			
	90	PB6（2）			
	96	PE3（5）			
EPI0S0	83	PH3（8）	I/O	TTL	EPI 模块 0 的信号 0
EPI0S1	84	PH2（8）	I/O	TTL	EPI 模块 0 的信号 1
EPI0S2	25	PC4（8）	I/O	TTL	EPI 模块 0 的信号 2
EPI0S3	24	PC5（8）	I/O	TTL	EPI 模块 0 的信号 3
EPI0S4	23	PC6（8）	I/O	TTL	EPI 模块 0 的信号 4
EPI0S5	22	PC7（8）	I/O	TTL	EPI 模块 0 的信号 5
EPI0S6	86	PH0（8）	I/O	TTL	EPI 模块 0 的信号 6
EPI0S7	85	PH1（8）	I/O	TTL	EPI 模块 0 的信号 7
EPI0S8	74	PE0（8）	I/O	TTL	EPI 模块 0 的信号 8
EPI0S9	75	PE1（8）	I/O	TTL	EPI 模块 0 的信号 9
EPI0S10	76	PH4（8）	I/O	TTL	EPI 模块 0 的信号 10
EPI0S11	63	PH5（8）	I/O	TTL	EPI 模块 0 的信号 11
EPI0S12	42	PF4（8）	I/O	TTL	EPI 模块 0 的信号 12
EPI0S13	19	PG0（8）	I/O	TTL	EPI 模块 0 的信号 13
EPI0S14	18	PG1（8）	I/O	TTL	EPI 模块 0 的信号 14
EPI0S15	41	PF5（8）	I/O	TTL	EPI 模块 0 的信号 15
EPI0S16	14	PJ0（8）	I/O	TTL	EPI 模块 0 的信号 16
EPI0S17	87	PJ1（8）	I/O	TTL	EPI 模块 0 的信号 17
EPI0S18	39	PJ2（8）	I/O	TTL	EPI 模块 0 的信号 18
EPI0S19	50	PJ3（8）	I/O	TTL	EPI 模块 0 的信号 19
	97	PD4（10）			

（续表）

管脚名称	管脚序号	复用管脚/赋值	管脚类型	缓冲类型[a]	描述
EPI0S20	12	PD2（8）	I/O	TTL	EPI 模块 0 的信号 20
EPI0S21	13	PD3（8）	I/O	TTL	EPI 模块 0 的信号 21
EPI0S22	91	PB5（8）	I/O	TTL	EPI 模块 0 的信号 22
EPI0S23	92	PB4（8）	I/O	TTL	EPI 模块 0 的信号 23
EPI0S24	95	PE2（8）	I/O	TTL	EPI 模块 0 的信号 24
EPI0S25	96	PE3（8）	I/O	TTL	EPI 模块 0 的信号 25
EPI0S26	62	PH6（8）	I/O	TTL	EPI 模块 0 的信号 26
EPI0S27	15	PH7（8）	I/O	TTL	EPI 模块 0 的信号 27
EPI0S28	52	PJ4（8）	I/O	TTL	EPI 模块 0 的信号 28
	98	PD5（10）			
EPI0S29	53	PJ5（8）	I/O	TTL	EPI 模块 0 的信号 29
	99	PD6（10）			
EPI0S30	54	PJ6（8）	I/O	TTL	EPI 模块 0 的信号 30
	100	PD7（10）			
EPI0S31	36	PG7（9）	I/O	TTL	EPI 模块 0 的信号 31
ERBIAS	33	固定	O	模拟	连接 12.4kΩ（精度 1%）电阻器，以太网 PHY 用
Fault0	6	PE4（4）	I	TTL	PWM 故障 0
	39	PJ2（10）			
	42	PF4（4）			
	65	PB3（2）			
	75	PE1（3）			
	83	PH3（2）			
	99	PD6（1）			
Fault1	90	PB6（4）	I	TTL	PWM 故障 1
Fault2	24	PC5（4）	I	TTL	PWM 故障 2
	63	PH5（10）			
Fault3	65	PB3（4）	I	TTL	PWM 故障 3
	84	PH2（4）			
GND	9	固定	—	电源	逻辑及 I/O 管脚的参考地
	21				
	45				

（续表）

管脚名称	管脚序号	复用管脚/赋值	管脚类型	缓冲类型[a]	描述
	57				
	69				
	82				
	94				
GNDA	4	固定	—	电源	模拟电路（ADC、模拟比较器等）的参考地。GNDA 应与 GND 分开，尽量避免 VDD 中携带的噪声影响模拟功能
I2C 0SCL	72	PB2（1）	I/O	开漏	I2C 模块 0 的时钟信号
I2C 0SDA	65	PB3（1）	I/O	开漏	I2C 模块 0 的数据信号
I2C 1SCL	14	PJ0（11）	I/O	开漏	I2C 模块 1 的时钟信号
	19	PG0（3）			
	26	PA0（8）			
	34	PA6（1）			
I2C 1SDA	18	PG1（3）	I/O	开漏	I2C 模块 1 的数据信号
	27	PA1（8）			
	35	PA7（1）			
	87	PJ1（11）			
I2S0RXMCLK	29	PA3（9）	I/O	TTL	I2S 模块 0 接收主时钟信号
	98	PD5（8）			
I2S0RXSCK	10	PD0（8）	I/O	TTL	I2S 模块 0 接收时钟信号
I2S0RXSD	28	PA2（9）			I2S 模块 0 接收数据信号
	97	PD4（8）	I/O	TTL	
I2S0RXWS	11	PD1（8）	I/O	TTL	I2S 模块 0 接收字选择信号
I2S0TXMCLK	61	PF1（8）	I/O	TTL	I2S 模块 0 发送主时钟信号
I2S0TXSCK	30	PA4（9）	I/O	TTL	I2S 模块 0 发送时钟信号
	90	PB6（9）			
	99	PD6（8）			
I2S0TXSD	5	PE5（9）	I/O	TTL	I2S 模块 0 发送数据信号
	47	PF0（8）			
I2S0TXWS	6	PE4（9）	I/O	TTL	I2S 模块 0 发送字选择信号
	31	PA5（9）			
	100	PD7（8）			

（续表）

管脚名称	管脚序号	复用管脚/赋值	管脚类型	缓冲类型[a]	描述
IDX0	10	PD0（3）	I	TTL	QEI0 模块索引信号
	72	PB2（2）			
	90	PB6（5）			
	92	PB4（6）			
	100	PD7（1）			
IDX1	61	PF1（2）			
	84	PH2（1）	I	TTL	QEI1 模块索引信号
LDO	7	固定	—	电源	LDO 稳压器输出端。此管脚需要在外部与地之间连接大于 1μF 的电容器。当采用片内 LDO 为逻辑部分供电时，LDO 管脚必须连接到 VDDC 上，在线路板上，并添加去耦电容
LED0	59	PF3（1）	O	TTL	以太网 LED 0
LED1	60	PF2（1）	O	TTL	以太网 LED 1
MDIO	58	固定	I/O	开漏	以太网 PHY 的 MDIO 信号
NC	51	固定	—	—	无连接。此管脚应悬空，不得与线路板上其他部分有电气连接
NMI	89	PB7（4）	I	TTL	不可屏蔽中断输入信号
OSC0	48	固定	I	模拟	主晶体振荡器输入信号或外部参考时钟源输入端
OSC1	49	固定	O	模拟	主晶体振荡器输出信号。当使用外部单端参考时钟源时，其悬空
PA0	26	—	I/O	TTL	GPIO 端口 A 第 0 位
PA1	27	—	I/O	TTL	GPIO 端口 A 第 1 位
PA2	28	—	I/O	TTL	GPIO 端口 A 第 2 位
PA3	29	—	I/O	TTL	GPIO 端口 A 第 3 位
PA4	30	—	I/O	TTL	GPIO 端口 A 第 4 位
PA5	31	—	I/O	TTL	GPIO 端口 A 第 5 位
PA6	34	—	I/O	TTL	GPIO 端口 A 第 6 位
PA7	35	—	I/O	TTL	GPIO 端口 A 第 7 位
PB0	66	—	I/O	TTL	GPIO 端口 B 第 0 位
PB1	67	—	I/O	TTL	GPIO 端口 B 第 1 位
PB2	72	—	I/O	TTL	GPIO 端口 B 第 2 位
PB3	65	—	I/O	TTL	GPIO 端口 B 第 3 位
PB4	92	—	I/O	TTL	GPIO 端口 B 第 4 位
PB5	91	—	I/O	TTL	GPIO 端口 B 第 5 位
PB6	90	—	I/O	TTL	GPIO 端口 B 第 6 位
PB7	89	—	I/O	TTL	GPIO 端口 B 第 7 位

（续表）

管脚名称	管脚序号	复用管脚/赋值	管脚类型	缓冲类型[a]	描述
PC0	80	—	I/O	TTL	GPIO 端口 C 第 0 位
PC1	79	—	I/O	TTL	GPIO 端口 C 第 1 位
PC2	78	—	I/O	TTL	GPIO 端口 C 第 2 位
PC3	77	—	I/O	TTL	GPIO 端口 C 第 3 位
PC4	25	—	I/O	TTL	GPIO 端口 C 第 4 位
PC5	24	—	I/O	TTL	GPIO 端口 C 第 5 位
PC6	23	—	I/O	TTL	GPIO 端口 C 第 6 位
PC7	22	—	I/O	TTL	GPIO 端口 C 第 7 位
PD0	10	—	I/O	TTL	GPIO 端口 D 第 0 位
PD1	11	—	I/O	TTL	GPIO 端口 D 第 1 位
PD2	12	—	I/O	TTL	GPIO 端口 D 第 2 位
PD3	13	—	I/O	TTL	GPIO 端口 D 第 3 位
PD4	97	—	I/O	TTL	GPIO 端口 D 第 4 位
PD5	98	—	I/O	TTL	GPIO 端口 D 第 5 位
PD6	99	—	I/O	TTL	GPIO 端口 D 第 6 位
PD7	100	—	I/O	TTL	GPIO 端口 D 第 7 位
PE0	74	—	I/O	TTL	GPIO 端口 E 第 0 位
PE1	75	—	I/O	TTL	GPIO 端口 E 第 1 位
PE2	95	—	I/O	TTL	GPIO 端口 E 第 2 位
PE3	96	—	I/O	TTL	GPIO 端口 E 第 3 位
PE4	6	—	I/O	TTL	GPIO 端口 E 第 4 位
PE5	5	—	I/O	TTL	GPIO 端口 E 第 5 位
PE6	2	—	I/O	TTL	GPIO 端口 E 第 6 位
PE7	1	—	I/O	TTL	GPIO 端口 E 第 7 位
PF0	47	—	I/O	TTL	GPIO 端口 F 第 0 位
PF1	61	—	I/O	TTL	GPIO 端口 F 第 1 位
PF2	60	—	I/O	TTL	GPIO 端口 F 第 2 位
PF3	59	—	I/O	TTL	GPIO 端口 F 第 3 位
PF4	42	—	I/O	TTL	GPIO 端口 F 第 4 位
PF5	41	—	I/O	TTL	GPIO 端口 F 第 5 位
PG0	19	—	I/O	TTL	GPIO 端口 G 第 0 位

（续表）

管脚名称	管脚序号	复用管脚/赋值	管脚类型	缓冲类型[a]	描述
PG1	18	—	I/O	TTL	GPIO 端口 G 第 1 位
PG7	36	—	I/O	TTL	GPIO 端口 G 第 7 位
PH0	86	—	I/O	TTL	GPIO 端口 H 第 0 位
PH1	85	—	I/O	TTL	GPIO 端口 H 第 1 位
PH2	84	—	I/O	TTL	GPIO 端口 H 第 2 位
PH3	83	—	I/O	TTL	GPIO 端口 H 第 3 位
PH4	76	—	I/O	TTL	GPIO 端口 H 第 4 位
PH5	63	—	I/O	TTL	GPIO 端口 H 第 5 位
PH6	62	—	I/O	TTL	GPIO 端口 H 第 6 位
PH7	15	—	I/O	TTL	GPIO 端口 H 第 7 位
PhA0	11	PD1 (3)	I	TTL	QEI0 模块 A 相信号
	25	PC4 (2)			
	95	PE2 (4)			
PhA1	96	PE3 (3)	I	TTL	QEI1 模块 A 相信号
PhB0	22	PC7 (2)	I	TTL	QEI0 模块 B 相信号
	23	PC6 (2)			
	47	PF0 (2)			
	83	PH3 (1)			
	96	PE3 (4)			
PhB1	11	PD1 (11)			
	36	PG7 (1)			
	95	PE2 (3)	I	TTL	QEI1 模块 B 相信号
PJ0	14	—	I/O	TTL	GPIO 端口 J 第 0 位
PJ1	87	—	I/O	TTL	GPIO 端口 J 第 1 位
PJ2	39	—	I/O	TTL	GPIO 端口 J 第 2 位
PJ3	50	—	I/O	TTL	GPIO 端口 J 第 3 位
PJ4	52	—	I/O	TTL	GPIO 端口 J 第 4 位
PJ5	53	—	I/O	TTL	GPIO 端口 J 第 5 位
PJ6	54	—	I/O	TTL	GPIO 端口 J 第 6 位
PJ7	55	—	I/O	TTL	GPIO 端口 J 第 7 位
PWM0	10	PD0 (1)	O	TTL	PWM0。此信号由 PWM 发生器 0 控制

（续表）

管脚名称	管脚序号	复用管脚/赋值	管脚类型	缓冲类型[a]	描述
	14	PJ0 (10)			
	19	PG0 (2)			
	34	PA6 (4)			
	47	PF0 (3)			
PWM1	11	PD1 (1)	O	TTL	PWM1。此信号由 PWM 发生器 0 控制
	18	PG1 (2)			
	35	PA7 (4)			
	61	PF1 (3)			
	87	PJ1 (10)			
PWM2	12	PD2 (3)	O	TTL	PWM2。此信号由 PWM 发生器 1 控制
	60	PF2 (4)			
	66	PB0 (2)			
	86	PH0 (2)			
PWM3	13	PD3 (3)	O	TTL	PWM3。此信号由 PWM 发生器 1 控制
	59	PF3 (4)			
	67	PB1 (2)			
	85	PH1 (2)			
PWM4	2	PE6 (1)	O	TTL	PWM4。此信号由 PWM 发生器 2 控制
	19	PG0 (4)			
	28	PA2 (4)			
	34	PA6 (5)			
	60	PF2 (2)			
	62	PH6 (10)			
	74	PE0 (1)			
	86	PH0 (9)			
PWM5	1	PE7 (1)	O	TTL	PWM5。此信号由 PWM 发生器 2 控制
	15	PH7 (10)			
	18	PG1 (4)			
	29	PA3 (4)			
	35	PA7 (5)			
	59	PF3 (2)			

（续表）

管脚名称	管脚序号	复用管脚/赋值	管脚类型	缓冲类型ª	描述
	75	PE1（1）			
	85	PH1（9）			
PWM6	25	PC4（4）	O	TTL	PWM6。此信号由 PWM 发生器 3 控制
	30	PA4（4）			
PWM7	23	PC6（4）	O	TTL	PWM7。此信号由 PWM 发生器 3 控制
	31	PA5（4）			
	36	PG7（4）			
$\overline{RST}$	64	固定	I	TTL	系统复位输入信号
RXIN	37	固定	I	模拟	以太网 PHY 的 RXIN 信号
RXIP	40	固定	I	模拟	以太网 PHY 的 RXIP 信号
SSI0Clk	28	PA2（1）	I/O	TTL	SSI 模块 0 时钟信号
SSI0Fss	29	PA3（1）	I/O	TTL	SSI 模块 0 帧信号
SSI0Rx	30	PA4（1）	I	TTL	SSI 模块 0 接收信号
SSI0Tx	31	PA5（1）	O	TTL	SSI 模块 0 发送信号
SSI1Clk	60	PF2（9）	I/O	TTL	SSI 模块 1 时钟信号
	74	PE0（2）			
	76	PH4（11）			
SSI1Fss	59	PF3（9）	I/O	TTL	SSI 模块 1 帧信号
	63	PH5（11）			
	75	PE1（2）			
SSI1Rx	42	PF4（9）	I	TTL	SSI 模块 1 接收信号
	62	PH6（11）			
	95	PE2（2）			
SSI1Tx	15	PH7（11）	O	TTL	SSI 模块 1 发送信号
	41	PF5（9）			
	96	PE3（2）			
SWCLK	80	PC0（3）	I	TTL	JTAG/SWD CLK 信号
SWDIO	79	PC1（3）	I/O	TTL	JTAG TMS 及 SWDIO 信号
SWO	77	PC3（3）	O	TTL	JTAG TDO 及 SWO 信号
TCK	80	PC0（3）	I	TTL	JTAG/SWD CLK 信号
TDI	78	PC2（3）	I	TTL	JTAG TDI 信号

管脚名称	管脚序号	复用管脚/赋值	管脚类型	缓冲类型ᵃ	描述
TDO	77	PC3（3）	O	TTL	JTAG TDO 及 SWO 信号
TMS	79	PC1（3）	I	TTL	JTAG TMS 及 SWDIO 信号
TXON	46	固定	O	TTL	以太网 PHY 的 TXON 信号
TXOP	43	固定	O	TTL	以太网 PHY 的 TXOP 信号
U0Rx	26	PA0（1）	I	TTL	UART 0 模块接收信号。在 IrDA 模式下，此信号将经过 IrDA 调制
U0Tx	27	PA1（1）	O	TTL	UART 0 模块发送信号。在 IrDA 模式下，此信号将经过 IrDA 调制
U1CTS	2	PE6（9）	I	TTL	UART 1 模块允许发送调制解调器状态输入信号
	10	PD0（9）			
	34	PA6（9）			
	50	PJ3（9）			
U1DCD	1	PE7（9）	I	TTL	UART 1 模块数据载波检测调制解调器状态输入信号
	11	PD1（9）			
	35	PA7（9）			
	52	PJ4（9）			
U1DSR	47	PF0（9）	I	TTL	UART 1 模块数据设备就绪调制解调器输出控制信号
	53	PJ5（9）			
U1DTR	55	PJ7（9）	O	TTL	UART 1 模块数据中断就绪调制解调器状态输入信号
	100	PD7（9）			
U1RI	97	PD4（9）	I	TTL	UART 1 模块振铃指示调制解调器状态输入信号
U1RTS	54	PJ6（9）	O	TTL	UART 1 模块请求发送调制解调器输出控制信号
	61	PF1（9）			
U1Rx	10	PD0（5）	I	TTL	UART 1 模块接收信号。在 IrDA 模式下，此信号将经过 IrDA 调制
	12	PD2（1）			
	23	PC6（5）			
	26	PA0（9）			
	66	PB0（5）			
	92	PB4（7）			

（续表）

管脚名称	管脚序号	复用管脚/赋值	管脚类型	缓冲类型[a]	描述
	23	PC6（7）			
	35	PA7（8）			
	65	PB3（8）			
	74	PE0（9）			
	76	PH4（4）			
	87	PJ1（9）			
USB0RBIAS	73	固定	O	模拟	连接 9.1kΩ（精度 1%）电阻器，USB 模拟电路用
U1Tx	11	PD1（5）	O	TTL	UART 1 模块发送信号。在 IrDA 模式下，此信号将经过 IrDA 调制
	13	PD3（1）			
	22	PC7（5）			
	27	PA1（9）			
	67	PB1（5）			
	91	PB5（7）			
U2Rx	10	PD0（4）	I	TTL	UART 2 模块接收信号。在 IrDA 模式下，此信号将经过 IrDA 调制
	19	PG0（1）			
	92	PB4（4）			
	98	PD5（9）			
U2Tx	6	PE4（5）	O	TTL	UART 2 模块发送信号。在 IrDA 模式下，此信号将经过 IrDA 调制
	11	PD1（4）			
	18	PG1（1）			
	99	PD6（9）			
USB0DM	70	固定	I/O	模拟	双向差分数据管脚 D–
USB0DP	71	固定	I/O	模拟	双向差分数据管脚 D+
USB0EPEN	19	PG0（7）	O	TTL	在主机模式下可选用此管脚。可控制外部电源为 USB 总线供电
	24	PC5（6）			
	34	PA6（8）			
	72	PB2（8）			
	83	PH3（4）			
USB0ID	66	PB0	I	模拟	此信号用于检测 USB ID 信号的状态。此时 USB PHY 将在内部使能一个上拉电阻，通过外部元件（USB 连接器）检测 USB 控制器的初始状态
USB0PFLT	22	PC7（6）	I	TTL	在主机模式下可选用此管脚。当采用外部电源为 USB 总线供电时，可指示外部电源的错误状态

（续表）

管脚名称	管脚序号	复用管脚/赋值	管脚类型	缓冲类型[a]	描述
USB0VBUS	67	PB1	I/O	模拟	此信号用于会话请求协议。USB PHY 可通过其检测 VBUS 的电平，并在 VBUS 脉冲期间短时上拉
VDD	8	固定	—	电源	为 I/O 及部分逻辑供电的电源正端
	20				
	32				
	44				
	56				
	68				
	81				
	93				
VDDA	3	固定	—	电源	模拟电路（ADC、模拟比较器等）的电源正端（3.3V）。VDDA 应与 VDD 分开，尽量避免 VDD 中携带的噪声影响模拟功能。不论系统如何实施，VDDA 管脚必须连接 3.3V 电平
VDDC	38	固定	—	电源	为主要的逻辑部分（包括处理器内核以及大部分片上外设）供电的电源正端
	88				
VREFA	90	PB6	I	模拟	此输入端提供 A/D 转换的参考电压，ADC 以此电压作为满量程输入电压。也就是说，若 AINn 输入的信号电压与 VREFA 电压相等，则转换结果为 1023
XTALNPHY	17	固定	O	模拟	以太网 PHY XTALP 25MHz 晶体振荡输出端
XTALPPHY	16	固定	I	模拟	以太网 PHY XTALP 25MHz 晶体振荡输入端

a："TTL"表示该管脚兼容 TTL 电平标准

表 4-3　按功能列出的信号（GPIO 除外）

功能	管脚名称	管脚序号	管脚类型	缓冲类型^a	描述
ADC	AIN0	1	I	模拟	模-数转换器输入端 0
	AIN1	2	I	模拟	模-数转换器输入端 1
	AIN2	5	I	模拟	模-数转换器输入端 2
	AIN3	6	I	模拟	模-数转换器输入端 3
	AIN4	100	I	模拟	模-数转换器输入端 4
	AIN5	99	I	模拟	模-数转换器输入端 5
	AIN6	98	I	模拟	模-数转换器输入端 6
	AIN7	97	I	模拟	模-数转换器输入端 7
	AIN8	96	I	模拟	模-数转换器输入端 8
	AIN9	95	I	模拟	模-数转换器输入端 9
	AIN10	92	I	模拟	模-数转换器输入端 10
	AIN11	91	I	模拟	模-数转换器输入端 11
	AIN12	13	I	模拟	模-数转换器输入端 12
	AIN13	12	I	模拟	模-数转换器输入端 13
	AIN14	11	I	模拟	模-数转换器输入端 14
	AIN15	10	I	模拟	模-数转换器输入端 15
	VREFA	90	I	模拟	此输入端提供 A/D 转换的参考电压，ADC 以此电压作为满量程输入电压。也就是说，若 AINn 输入的信号电压与 VREFA 电压相等，则转换结果为 1023
模拟比较器	C0+	90	I	模拟	模拟比较器 0 输入正端
	C0-	92	I	模拟	模拟比较器 0 输入负端
	C0o	24	O	TTL	模拟比较器 0 输出端
		42			
		90			
		91			
		100			
	C1+	24	I	模拟	模拟比较器 1 输入正端
	C1-	91	I	模拟	模拟比较器 1 输入负端
	C1o	2	O	TTL	模拟比较器 1 输出端
		22			

（续表）

功能	管脚名称	管脚序号	管脚类型	缓冲类型[a]	描述
		24			
		41			
		84			
	C2+	23	I	模拟	模拟比较器 2 输入正端
	C2−	22	I	模拟	模拟比较器 2 输入负端
	C2o	1	TTL		模拟比较器 2 输出端
		23	O		
控制器局域网	CAN0Rx	10	I	TTL	CAN 模块 0 接收信号
		30			
		34			
		92			
	CAN0Tx	11	O	TTL	CAN 模块 0 发送信号
		31			
		35			
		91			
	CAN1Rx	47	I	TTL	CAN 模块 1 接收信号
	CAN1Tx	61	O	TTL	CAN 模块 1 发送信号
以太网	ERBIAS	33	O	模拟	连接 12.4kΩ（精度 1%）电阻器，以太网 PHY 用
	LED0	59	O	TTL	以太网 LED 0
	LED1	60	O	TTL	以太网 LED 1
	MDIO	58	I/O	开漏	以太网 PHY 的 MDIO 信号
	RXIN	37	I	模拟	以太网 PHY 的 RXIN 信号
	RXIP	40	I	模拟	以太网 PHY 的 RXIP 信号
	TXON	46	O	TTL	以太网 PHY 的 TXON 信号
	TXOP	43	O	TTL	以太网 PHY 的 TXOP 信号
	XTALNPHY	17	O	模拟	以太网 PHY XTALP 25MHz 晶体振荡输出端
	XTALPPHY	16	I	模拟	以太网 PHY XTALP 25MHz 晶体振荡输入端
片外设备接口	EPI0S0	83	I/O	TTL	EPI 模块 0 的信号 0
	EPI0S1	84	I/O	TTL	EPI 模块 0 的信号 1

（续表）

功能	管脚名称	管脚序号	管脚类型	缓冲类型[a]	描述
	EPI0S2	25	I/O	TTL	EPI 模块 0 的信号 2
	EPI0S3	24	I/O	TTL	EPI 模块 0 的信号 3
	EPI0S4	23	I/O	TTL	EPI 模块 0 的信号 4
	EPI0S5	22	I/O	TTL	EPI 模块 0 的信号 5
	EPI0S6	86	I/O	TTL	EPI 模块 0 的信号 6
	EPI0S7	85	I/O	TTL	EPI 模块 0 的信号 7
	EPI0S8	74	I/O	TTL	EPI 模块 0 的信号 8
	EPI0S9	75	I/O	TTL	EPI 模块 0 的信号 9
	EPI0S10	76	I/O	TTL	EPI 模块 0 的信号 10
	EPI0S11	63	I/O	TTL	EPI 模块 0 的信号 11
	EPI0S12	42	I/O	TTL	EPI 模块 0 的信号 12
	EPI0S13	19	I/O	TTL	EPI 模块 0 的信号 13
	EPI0S14	18	I/O	TTL	EPI 模块 0 的信号 14
	EPI0S15	41	I/O	TTL	EPI 模块 0 的信号 15
	EPI0S16	14	I/O	TTL	EPI 模块 0 的信号 16
	EPI0S17	87	I/O	TTL	EPI 模块 0 的信号 17
	EPI0S18	39	I/O	TTL	EPI 模块 0 的信号 18
	EPI0S19	50 97	I/O	TTL	EPI 模块 0 的信号 19
	EPI0S20	12	I/O	TTL	EPI 模块 0 的信号 20
	EPI0S21	13	I/O	TTL	EPI 模块 0 的信号 21
	EPI0S22	91	I/O	TTL	EPI 模块 0 的信号 22
	EPI0S23	92	I/O	TTL	EPI 模块 0 的信号 23
	EPI0S24	95	I/O	TTL	EPI 模块 0 的信号 24
	EPI0S25	96	I/O	TTL	EPI 模块 0 的信号 25
	EPI0S26	62	I/O	TTL	EPI 模块 0 的信号 26
	EPI0S27	15	I/O	TTL	EPI 模块 0 的信号 27
	EPI0S28	52 98	I/O	TTL	EPI 模块 0 的信号 28
	EPI0S29	53 99	I/O	TTL	EPI 模块 0 的信号 29

（续表）

功能	管脚名称	管脚序号	管脚类型	缓冲类型[a]	描述
	EPIOS30	54	I/O	TTL	EPI 模块 0 的信号 30
		100			
	EPIOS31	36	I/O	TTL	EPI 模块 0 的信号 31
通用定时器	CCP0	13	I/O	TTL	捕获/比较/PWM0
		22			
		23			
		39			
		42			
		55			
		66			
		72			
		91			
		97			
	CCP1	24	I/O	TTL	捕获/比较/PWM1
		25			
		34			
		54			
		67			
		90			
		96			
		100			
	CCP2	6	I/O	TTL	捕获/比较/PWM2
		11			
		25			
		41			
		53			
		67			
		75			
		91			
		95			
		98			

（续表）

功能	管脚名称	管脚序号	管脚类型	缓冲类型ª	描述
	CCP3	6	I/O	TTL	捕获/比较/PWM3
		23			
		24			
		35			
		61			
		72			
		74			
		97			
	CCP4	22	I/O	TTL	捕获/比较/PWM4
		25			
		35			
		52			
		95			
		98			
	CCP5	5	I/O	TTL	捕获/比较/PWM5
		12			
		25			
		36			
		90			
		91			
通用定时器	CCP6	10	I/O	TTL	捕获/比较/PWM6
		12			
		50			
		75			
		86			
		91			
	CCP7	11	I/O	TTL	捕获/比较/PWM7
		13			
		85			
		90			
		96			

（续表）

功能	管脚名称	管脚序号	管脚类型	缓冲类型[a]	描述
I2C	I2C 0SCL	72	I/O	开漏	I2C 模块 0 的时钟信号
	I2C 0SDA	65	I/O	开漏	I2C 模块 0 的数据信号
	I2C 1SCL	14	I/O	开漏	I2C 模块 1 的时钟信号
		19			
		26			
		34			
	I2C 1SDA	18	I/O	开漏	I2C 模块 1 的数据信号
		27			
		35			
		87			
I2S	I2S0RXMCLK	29	I/O	TTL	I2S 模块 0 接收主时钟信号
		98			
	I2S0RXSCK	10	I/O	TTL	I2S 模块 0 接收时钟信号
	I2S0RXSD	28	I/O	TTL	I2S 模块 0 接收数据信号
		97			
	I2S0RXWS	11	I/O	TTL	I2S 模块 0 接收字选择信号
	I2S0TXMCLK	61	I/O	TTL	I2S 模块 0 发送主时钟信号
	I2S0TXSCK	30	I/O	TTL	I2S 模块 0 发送时钟信号
		90			
		99			
	I2S0TXSD	5	I/O	TTL	I2S 模块 0 发送数据信号
		47			
	I2S0TXWS	6	I/O	TTL	I2S 模块 0 发送字选择信号
		31			
		100			
JTAG/SWD	SWCLK	80	I	TTL	JTAG/SWD CLK 信号
JTAG/SWO	SWDIO	79	I/O	TTL	JTAG TMS 及 SWDIO 信号
	SWO	77	O	TTL	JTAG TDO 及 SWO 信号
	TCK	80	I	TTL	JTAG/SWD CLK 信号
	TDI	78	I	TTL	JTAG TDI 信号
	TDO	77	O	TTL	JTAG TDO 及 SWO 信号
	TMS	79	I	TTL	JTAG TMS 及 SWDIO 信号

（续表）

功能	管脚名称	管脚序号	管脚类型	缓冲类型[a]	描述
PWM	Fault0	6	I	TTL	PWM 故障 0
		39			
		42			
		65			
		75			
		83			
		99			
	Fault1	90	I	TTL	PWM 故障 1
	Fault2	24	I	TTL	PWM 故障 2
		63			
	Fault3	65	I	TTL	PWM 故障 3
		84			
	PWM0	10	O	TTL	PWM0。此信号由 PWM 发生器 0 控制
		14			
		19			
		34			
		47			
	PWM1	11	O	TTL	PWM1。此信号由 PWM 发生器 0 控制
		18			
		35			
		61			
		87			
	PWM2	12	O	TTL	PWM2。此信号由 PWM 发生器 1 控制
		60			
		66			
		86			
	PWM3	13	O	TTL	PWM3。此信号由 PWM 发生器 1 控制
		59			

（续表）

功能	管脚名称	管脚序号	管脚类型	缓冲类型[a]	描述
		67			
		85			
	PWM4	2	O	TTL	PWM4。此信号由 PWM 发生器 2 控制
		19			
		28			
		34			
		60			
		62			
		74			
		86			
	PWM5	1	O	TTL	PWM5。此信号由 PWM 发生器 2 控制
		15			
		18			
		29			
		35			
		59			
		75			
		85			
	PWM6	25	O	TTL	PWM6。此信号由 PWM 发生器 3 控制
		30			
	PWM7	23	O	TTL	PWM7。此信号由 PWM 发生器 3 控制
		31			
		36			
电源	GND	9	—	电源	逻辑及 I/O 管脚的参考地
		21			
		45			
		57			
		69			
		82			
		94			

（续表）

功能	管脚名称	管脚序号	管脚类型	缓冲类型[a]	描述
	GNDA	4	—	电源	模拟电路（ADC、模拟比较器等）的参考地。GNDA 应与 GND 分开，尽量避免 VDD 中携带的噪声影响模拟功能
	LDO	7	—	电源	LDO 稳压器输出端。此管脚需要在外部与地之间连接大于 1μF 的电容器。当采用片内 LDO 为逻辑部分供电时，LDO 管脚必须连接到 VDDC 上，在线路板上，并添加去耦电容
	VDD	8	—	电源	为 I/O 及部分逻辑供电的电源正端
		20			
		32			
		44			
		56			
		68			
		81			
		93			
	VDDA	3	—	电源	模拟电路（ADC、模拟比较器等）的电源正端（3.3V）。VDDA 应与 VDD 分开，尽量避免 VDD 中携带的噪声影响模拟功能。不论系统如何实施，VDDA 管脚必须连接 3.3V 电平
	VDDC	38	—	电源	为主要的逻辑部分（包括处理器内核以及大部分片上外设）供电的电源正端
		88			
QEI	IDX0	10	I	TTL	QEI0 模块索引信号
		72			

（续表）

功能	管脚名称	管脚序号	管脚类型	缓冲类型[a]	描述
		90			
		92			
		100			
	IDX1	61	I	TTL	QEI1 模块索引信号
		84			
	PhA0	11	I	TTL	QEI0 模块 A 相信号
		25			
		95			
	PhA1	96	I	TTL	QEI1 模块 A 相信号
	PhB0	22	I	TTL	QEI0 模块 B 相信号
		23			
		47			
		83			
		96			
	PhB1	11	I	TTL	QEI1 模块 B 相信号
		36			
		95			
SSI	SSI0Clk	28	I/O	TTL	SSI 模块 0 时钟信号
	SSI0Fss	29	I/O	TTL	SSI 模块 0 帧信号
	SSI0Rx	30	I	TTL	SSI 模块 0 接收信号
	SSI0Tx	31	O	TTL	SSI 模块 0 发送信号
	SSI1Clk	60	I/O	TTL	SSI 模块 1 时钟信号
		74			
		76			
	SSI1Fss	59	I/O	TTL	SSI 模块 1 帧信号
		63			
		75			
	SSI1Rx	42	I	TTL	SSI 模块 1 接收信号
		62			
		95			
	SSI1Tx	15	O	TTL	SSI 模块 1 发送信号

（续表）

功能	管脚名称	管脚序号	管脚类型	缓冲类型[a]	描述
系统控制及时钟域		41			
		96			
	NMI	89	I	TTL	不可屏蔽中断输入信号
	OSC0	48	I	模拟	主晶体振荡器输入信号或外部参考时钟源输入端
	OSC1	49	O	模拟	主晶体振荡器输出信号。当使用外部单端参考时钟源时，此管脚应悬空
	RST	64	I	TTL	系统复位输入信号
UART	U0Rx	26	I	TTL	UART 0 模块接收信号。在 IrDA 模式下，此信号将经过 IrDA 调制
	U0Tx	27	O	TTL	UART 0 模块发送信号。在 IrDA 模式下，此信号将经过 IrDA 调制
	U1CTS	2	I	TTL	UART 1 模块允许发送调制解调器状态输入信号
		10			
		34			
		50			
	U1DCD	1	I	TTL	UART 1 模块数据载波检测调制解调器状态输入信号
		11			
		35			
		52			
	U1DSR	47	I	TTL	UART 1 模块数据设备就绪调制解调器输出控制信号
		53			
	U1DTR	55	O	TTL	UART 1 模块数据中断就绪调制解调器状态输入信号
		100			
	U1RI	97	I	TTL	UART 1 模块振铃指示调制解调器状态输入信号
	U1RTS	54	O	TTL	UART 1 模块请求发送调制解调器输出控制信号
		61			

功能	管脚名称	管脚序号	管脚类型	缓冲类型[a]	描述
	U1Rx	10	I	TTL	UART 1 模块接收信号。在 IrDA 模式下，此信号将经过 IrDA 调制
		12			
		23			
		26			
		66			
		92			
	U1Tx	11	O	TTL	UART 1 模块发送信号。在 IrDA 模式下，此信号将经过 IrDA 调制
		13			
		22			
		27			
		67			
		91			
	U2Rx	10	I	TTL	UART 2 模块接收信号。在 IrDA 模式下，此信号将经过 IrDA 调制
		19			
		92			
		98			
	U2Tx	6	O	TTL	UART 2 模块发送信号。在 IrDA 模式下，此信号将经过 IrDA 调制
		11			
		18			
		99			
USB	USB0DM	70	I/O	模拟	双向差分数据管脚 D−

（续表）

功能	管脚名称	管脚序号	管脚类型	缓冲类型[a]	描述
	USB0DP	71	I/O	模拟	双向差分数据管脚 D+
	USB0EPEN	19	O	TTL	在主机模式下可选用此管脚。可控制外部电源为 USB 总线供电
		24			
		34			
		72			
		83			
	USB0ID	66	I	模拟	此信号用于检测 USB ID 信号的状态。此时 USB PHY 将在内部使能一个上拉电阻，通过外部元件（USB 连接器）检测 USB 控制器的初始状态
	USB0PFLT	22	I	TTL	在主机模式下可选用此管脚。当采用外部电源为 USB 总线供电时，可指示外部电源的错误状态
		23			
		35			
		65			
		74			
		76			
		87			
	USB0RBIAS	73	O	模拟	连接 9.1kΩ（精度 1%）电阻器，USB 模拟电路用
	USB0VBUS	67	I/O	模拟	此信号用于会话请求协议。USB PHY 可通过此信号检测 VBUS 的电平，并在 VBUS 脉冲期间短时上拉

a："TTL"表示该管脚兼容 TTL 电平标准

表 4-4　GPIO 管脚及其备选功能

IO	管脚序号	模拟功能	数字功能（GPIOPCTL 寄存器 PMCx 位域编码）[a]										
			1	2	3	4	5	6	7	8	9	10	11
PA0	26	—	U0Rx	—	—	—	—	—	—	I2C 1SCL	U1Rx	—	—
PA1	27	—	U0Tx	—	—	—	—	—	—	I2C 1SDA	U1Tx	—	—
PA2	28	—	SSI0Clk	—	—	PWM4	—	—	—	—	I2S0RXSD	—	—
PA3	29	—	SSI0Fss	—	—	PWM5	—	—	—	—	I2S0RXMCLK	—	—
PA4	30	—	SSI0Rx	—	—	PWM6	CAN0Rx	—	—	—	I2S0TXSCK	—	—
PA5	31	—	SSI0Tx	—	—	PWM7	CAN0Tx	—	—	—	I2S0TXWS	—	—
PA6	34	—	I2C 1SCL	CCP1	—	PWM0	PWM4	CAN0Rx	—	USB0EPEN	U1CTS	—	—
PA7	35	—	I2C 1SDA	CCP4	—	PWM1	PWM5	CAN0Tx	CCP3	USB0PFLT	U1DCD	—	—
PB0	66	USB0ID	CCP0	PWM2	—	—	U1Rx	—	—	—	—	—	—
PB1	67	USB0VBUS	CCP2	PWM3	—	—	U1Tx	—	—	—	—	—	—
PB2	72	—	I2C 0SCL	IDX0	CCP6	CCP3	CCP0	—	—	USB0EPEN	—	—	—
PB3	65	—	I2C 0SDA	Fault0	C0o	Fault3	CCP0	—	—	USB0PFLT	—	—	—
PB4	92	AIN10 C0−	—	—	—	U2Rx	CAN0Rx	IDX0	U1Rx	EPI0S23	—	—	—
PB5	91	AIN11 C1−	C0o	CCP5	—	CCP0	CAN0Tx	CCP2	U1Tx	EPI0S22	—	—	—
PB6	90	VREFA C0+	CCP1	CCP7	C0o	Fault1	IDX0	CCP5	—	—	I2S0TXSCK	—	—
PB7	89	—	—	—	—	NMI	—	—	—	—	—	—	—
PC0	80	—	—	—	TCK SWCLK	—	—	—	—	—	—	—	—
PC1	79	—	—	—	TMS SWDIO	—	—	—	—	—	—	—	—
PC2	78	—	—	—	TDI	—	—	—	—	—	—	—	—
PC3	77	—	—	—	TDO SWO	—	—	—	—	—	—	—	—

（续表）

IO	管脚序号	模拟功能	\multicolumn{11}{c}{数字功能（GPIOPCTL 寄存器 PMCx 位域编码）[a]}

IO	管脚序号	模拟功能	1	2	3	4	5	6	7	8	9	10	11
PC4	25	—	CCP5	PhA0	—	PWM6	CCP2	CCP4	—	EPI0S2	CCP1	—	—
PC5	24	C1+	CCP1	C1o	C0o	Fault2	CCP3	USB0EPEN	—	EPI0S3	—	—	—
PC6	23	C2+	CCP3	PhB0	C2o	PWM7	U1Rx	CCP0	USB0PFLT	EPI0S4	—	—	—
PC7	22	C2−	CCP4	PhB0	—	CCP0	U1Tx	USB0PFLT	C1o	EPI0S5	—	—	—
PD0	10	AIN15	PWM0	CAN0Rx	IDX0	U2Rx	U1Rx	CCP6	—	I2S0RXSCK	U1CTS	—	—
PD1	11	AIN14	PWM1	CAN0Tx	PhA0	U2Tx	U1Tx	CCP7	—	I2S0RXWS	U1DCD	CCP2	PhB1
PD2	12	AIN13	U1Rx	CCP6	PWM2	CCP5	—	—	—	EPI0S20	—	—	—
PD3	13	AIN12	U1Tx	CCP7	PWM3	CCP0	—	—	—	EPI0S21	—	—	—
PD4	97	AIN7	CCP0	CCP3	—	—	—	—	—	I2S0RXSD	U1RI	EPI0S19	—
PD5	98	AIN6	CCP2	CCP4	—	—	—	—	—	I2S0RXMCLK	U2Rx	EPI0S28	—
PD6	99	AIN5	Fault0	—	—	—	—	—	—	I2S0TXSCK	U2Tx	EPI0S29	—
PD7	100	AIN4	IDX0	C0o	CCP1	—	—	—	—	I2S0TXWS	U1DTR	EPI0S30	—
PE0	74	—	PWM4	SSI1Clk	CCP3	—	—	—	—	EPI0S8	USB0PFLT	—	—
PE1	75	—	PWM5	SSI1Fss	Fault0	CCP2	CCP6	—	—	EPI0S9	—	—	—
PE2	95	AIN9	CCP4	SSI1Rx	PhB1	PhA0	CCP2	—	—	EPI0S24	U1CTS	—	—
PE3	96	AIN8	CCP1	SSI1Tx	PhA1	PhB0	CCP7	—	—	EPI0S25	U1DCD	—	—
PE4	6	AIN3	CCP3	—	—	Fault0	U2Tx	CCP2	—	I2S0TXWS	—	—	—
PE5	5	AIN2	CCP5	—	—	—	—	—	—	I2S0TXSD	—	—	—
PE6	2	AIN1	PWM4	C1o	—	—	—	—	—	—	U1CTS	—	—
PE7	1	AIN0	PWM5	C2o	—	—	—	—	—	—	U1DCD	—	—
PF0	47	—	CAN1Rx	PhB0	PWM0	—	—	—	—	I2S0TXSD	U1DSR	—	—
PF1	61	—	CAN1Tx	IDX1	PWM1	—	—	—	—	I2S0TXMCLK	U1RTS	CCP3	—

（续表）

IO	管脚序号	模拟功能	数字功能（GPIOPCTL 寄存器 PMCx 位域编码）[a]										
			1	2	3	4	5	6	7	8	9	10	11
PF2	60	—	LED1	PWM4	—	PWM2	—	—	—	—	SSI1Clk	—	—
PF3	59	—	LED0	PWM5	—	PWM3	—	—	—	—	SSI1Fss	—	—
PF4	42	—	CCP0	CCo	—	Fault0	—	—	—	EPI0S12	SSI1Rx	—	—
PF5	41	—	CCP2	C1o	—	—	—	—	—	EPI0S15	SSI1Tx	—	—
PG0	19	—	U2Rx	PWM0	I2C 1SCL	PWM4	—	—	USB0EPEN	EPI0S13	—	—	—
PC1	18	—	U2Tx	PWM1	I2C 1SDA	PWM5	—	—	—	EPI0S14	—	—	—
PG7	36	—	PhB1	—	—	PWM7	—	—	—	CCP5	EPI0S31	—	—
PH0	86	—	CCP6	PWM2	—	—	—	—	—	EPI0S6	PWM4	—	—
PH1	85	—	CCP7	PWM3	—	—	—	—	—	EPI0S7	PWM5	—	—
PH2	84	—	IDX1	C1o	—	Fault3	—	—	—	EPI0S1	—	—	—
PH3	83	—	PhB0	Fault0	—	USB0EPEN	—	—	—	EPI0S0	—	—	—
PH4	76	—	—	—	—	USB0PFLT	—	—	—	EPI0S10	—	—	—
PH5	63	—	—	—	—	—	—	—	—	EPI0S11	—	Fault2	SSI1Clk
PH6	62	—	—	—	—	—	—	—	—	EPI0S26	—	PWM4	SSI1Fss
PH7	15	—	—	—	—	—	—	—	—	EPI0S27	—	PWM5	SSI1Rx
PJ0	14	—	—	—	—	—	—	—	—	EPI0S16	USB0PFLT	PWM0	SSI1Tx
PJ1	87	—	—	—	—	—	—	—	—	EPI0S17	CCP0	PWM1	I2C 1SCL
PJ2	39	—	—	—	—	—	—	—	—	EPI0S18	U1CTS	Fault0	I2C 1SDA
PJ3	50	—	—	—	—	—	—	—	—	EPI0S19	U1DCD	CCP6	—
PJ4	52	—	—	—	—	—	—	—	—	EPI0S28	U1DSR	CCP4	—
PJ5	53	—	—	—	—	—	—	—	—	EPI0S29	U1RTS	CCP2	—
PJ6	54	—	—	—	—	—	—	—	—	EPI0S30	U1DTR	CCP1	—
PJ7	55	—	—	—	—	—	—	—	—	—	—	CCP0	—

a：数字功能中灰色背景的单元格是相应 GPIO 管脚在上电复位后的默认值

表 4-5　按可配置的管脚数列出的备选功能

可配置的管脚数	备选功能名称	GPIO
一	AIN0	PE7
	AIN1	PE6
	AIN10	PB4
	AIN11	PB5
	AIN12	PD3
	AIN13	PD2
	AIN14	PD1
	AIN15	PD0
	AIN2	PE5
	AIN3	PE4
	AIN4	PD7
	AIN5	PD6
	AIN6	PD5
	AIN7	PD4
	AIN8	PE3
	AIN9	PE2
	C0+	PB6
	C0−	PB4
	C1+	PC5
	C1−	PB5
	C2+	PC6
	C2−	PC7
	CAN1Rx	PF0
	CAN1Tx	PF1
	Fault1	PB6
	I2C 0SCL	PB2
	I2C 0SDA	PB3
	I2S0RXSCK	PD0
	I2S0RXWS	PD1
	I2S0TXMCLK	PF1
	LED0	PF3

（续表）

可配置的管脚数	备选功能名称	GPIO
	LED1	PF2
	NMI	PB7
	PhA1	PE3
	SSI0Clk	PA2
	SSI0Fss	PA3
	SSI0Rx	PA4
	SSI0Tx	PA5
	SWCLK	PC0
	SWDIO	PC1
一	SWO	PC3
	TCK	PC0
	TDI	PC2
	TDO	PC3
	TMS	PC1
	U0Rx	PA0
	U0Tx	PA1
	U1RI	PD4
	USB0ID	PB0
	USB0VBUS	PB1
	VREFA	PB6
二	C2o	PC6 PE7
	Fault2	PC5 PH5
	Fault3	PB3 PH2
	I2S0RXMCLK	PA3 PD5
	I2S0RXSD	PA2 PD4
	I2S0TXSD	PE5 PF0
	IDX1	PF1 PH2
	PWM6	PA4 PC4
	U1DSR	PF0 PJ5
	U1DTR	PD7 PJ7
	U1RTS	PF1 PJ6

（续表）

可配置的管脚数	备选功能名称	GPIO
三	I2S0TXSCK	PA4 PB6 PD6
	I2S0TXWS	PA5 PD7 PE4
	PWM7	PA5 PC6 PG7
	PhA0	PC4 PD1 PE2
	PhB1	PD1 PE2 PG7
	SSI1Clk	PE0 PF2 PH4
	SSI1Fss	PE1 PF3 PH5
	SSI1Rx	PE2 PF4 PH6
	SSI1Tx	PE3 PF5 PH7
四	CAN0Rx	PA4 PA6 PB4 PD0
	CAN0Tx	PA5 PA7 PB5 PD1
	I2C 1SCL	PA0 PA6 PG0 PJ0
	I2C 1SDA	PA1 PA7 PG1 PJ1
	PWM2	PB0 PD2 PF2 PH0
	PWM3	PB1 PD3 PF3 PH1
	U1CTS	PA6 PD0 PE6 PJ3
	U1DCD	PA7 PD1 PE7 PJ4
	U2Rx	PB4 PD0 PD5 PG0
	U2Tx	PD1 PD6 PE4 PG1
五	C0o	PB5 PB6 PC5 PD7 PF4
	C1o	PC5 PC7 PE6 PF5 PH2
	CCP7	PB6 PD1 PD3 PE3 PH1
	IDX0	PB2 PB4 PB6 PD0 PD7
	PWM0	PA6 PD0 PF0 PG0 PJ0
	PWM1	PA7 PD1 PF1 PG1 PJ1
	PhB0	PC6 PC7 PE3 PF0 PH3
	USB0EPEN	PA6 PB2 PC5 PG0 PH3
六	CCP4	PA7 PC4 PC7 PD5 PE2 PJ4
	CCP5	PB5 PB6 PC4 PD2 PE5 PG7
	CCP6	PB5 PD0 PD2 PE1 PH0 PJ3
	U1Rx	PA0 PB0 PB4 PC6 PD0 PD2

（续表）

可配置的管脚数	备选功能名称	GPIO
七	U1Tx	PA1 PB1 PB5 PC7 PD1 PD3
	Fault0	PB3 PD6 PE1 PE4 PF4 PH3 PJ2
	USB0PFLT	PA7 PB3 PC6 PC7 PE0 PH4 PJ1
八	CCP1	PA6 PB1 PB6 PC4 PC5 PD7 PE3 PJ6
	CCP3	PA7 PB2 PC5 PC6 PD4 PE0 PE4 PF1
	PWM4	PA2 PA6 PE0 PE6 PF2 PG0 PH0 PH6
	PWM5	PA3 PA7 PE1 PE7 PF3 PG1 PH1 PH7
十	CCP0	PB0 PB2 PB5 PC6 PC7 PD3 PD4 PF4 PJ2 PJ7
	CCP2	PB1 PB5 PC4 PD1 PD5 PE1 PE2 PE4 PF5 PJ5

4.3 未用管脚的处理

对于 LQFP100 封装，如果在特定的系统中并未用到某些管脚，表 4-6 中列出了两种选项：一般的处理方法以及推荐的处理方法，其中按照推荐的方法处理有助于降低功耗并改善 EMC 性能。假如系统中并未使用某个功能模块，并且已将其输入端接地，那么必须避免使能该模块的时钟（即禁止在 RCGCx 寄存器中将其对应的标志位置位）。

表 4-6 未用管脚的连接 （LQFP100 封装）

功能	信号名称	管脚序号	一般的处理方法	推荐的处理方法
以太网	ERBIAS	33	经 12.4kΩ 电阻接地	经 12.4kΩ 电阻接地
	MDIOa	58	悬空	悬空
	RXIN	37	悬空	接地
	RXIP	40	悬空	接地
	TXON	46	悬空	接地
	TXOP	43	悬空	接地
	XTALNPHYa	17	悬空	悬空
	XTALPPHYa	16	悬空	接地
接地	GPIO	所有未用的 GPIO	—	悬空

5　ARM Cortex-M3 处理器内核

　　ARM Cortex-M3 处理器为高性能、低成本的平台提供一个满足小存储要求解决方案（minimal memoryimplementation）、简化管脚数，以及低功耗 3 方面要求的内核，与此同时，它还提供出色的计算性能和优越的系统中断响应能力。具体特性如下。

- 为小封装嵌入式应用优化的 32 位 ARM® Cortex-M3 架构
- 优越的处理性能和更快的中断处理
- 混合 16 位/32 位的 Thumb-2 指令集提供与 32 位 ARM 内核所期望的高性能而采用了更紧凑的内存大小，而这通常在 8 位和 16 位设备相关的存储容量中，特别是在微控制器级应用的几千字节存储中
    - —单周期乘法指令和硬件除法器
    - —原子位操作（位带）使内存的利用最大化和外设控制更有效率
    - —非对齐的数据访问，数据能更有效的放入内存
- 快速代码执行允许更低的处理器时钟和增加睡眠模式时间
- 高速的应用通过 Harvard 结构执行，以独立的指令和数据总线为特征
- 高效的处理器内核，系统和存储器
- 硬件触发器和快速乘法运算
- 对时间苛刻的应用提供可确定的、高性能的中断处理
- 存储器保护单元为操作系统机能提供特权操作模式
- 增强的系统调试提供全方位的断点和跟踪能力
- 串行线调试和串行线跟踪减少调试和跟踪过程中需求的引脚数
- 从 ARM7™处理器系列中移植过来，以获得更好的性能和电源效率
- 优化的单周期 Flash 使用
- 集成多种睡眠模式，更低功耗
- 80MHz 运行
- 1.25DMIPS/MHz

Stellaris®系列微控制器基于 Cortex-M3 内核，为注重成本的嵌入式微控制器应用，如工厂自动化与控制、工业控制电源设备、楼宇自动化和步进电机提供了高性能的 32 位运算能力。

　　本章提供关于实现 Cortex-M3 内核的 Stellaris 系列的一些信息，包括编程模模块，内存模块，外部模块，异常处理和电源管理。关于指令集的技术细节参考 Cortex-M3 Instruction Set Technical User's Manua。

5.1 方框图

Cortex-M3 处理器基于高性能的处理器内核，采用 3 级流水线的哈佛架构，是满足嵌入式应用的理想的处理器。通过高效的指令集和额外优化的设计，以及包括单周期的 32×32 乘法器和专用的硬件除法器等高端的硬件处理，该处理器优异的能耗效率，为促进成本敏感型设备的设计，Cortex-M3 处理器实现了紧耦合的系统部件以降低处理尺寸，同时提高了中断处理能力和系统调试能力。Cortex-M3 处理器采用了 Thumb 指令集，确保高代码密度和降低程序存储需求。Cortex-M3 采用现代 32 位架构和 8 位、16 位微处理器的高密度指令集提供了优异的性能。

Cortex-M3 处理器集成了嵌入中断处理器（NVIC），达到工业领先的中断性能。Stellaris NVIC 包括一个不可屏蔽中断（NMI）和提供 8 个中断优先级。紧密集成的处理器内核和 NVIC 提供快速的中断服务程序和显著的降低了中断延迟。硬件入栈和停止多步装载和存储操作进一步降低了中断延迟。中断处理不需要任何的汇编从而减少了 ISR 的代码开销。尾链优化同样显著地降低了 ISR 切换时的开销。为优化低功耗设计，NVIC 集成了睡眠模式，包括深度睡眠模式，该模式可使整个芯片迅速地降低功耗。

CPU 框图如图 5-1 所示。

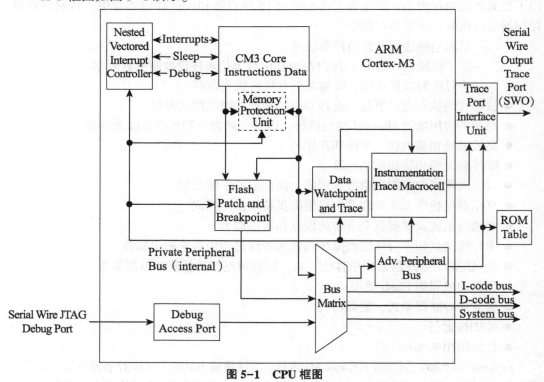

图 5-1 CPU 框图

5.2 概述

5.2.1 系统级接口

Cortex-M3 处理器采用 AMBA 技术实现多接口来提供高速、低延迟的存储器访问。

内核支持非对齐的数据访问和原子位操作，使外设的控制，系统自旋锁和线程安全布尔数据处理更快。

　　Cortex-M3 处理器内有一个内存保护单元（MPU）提供细粒度的内存控制，使应用可以实现安全特权级别和隔离代码、数据和基于多任务的堆栈。

5.2.2　集成的可配置调试

　　Cortex-M3 处理器实现了一个完整的硬件调试方案，通过一个传统的 JTAG 口或者适合于微控制器和其他小封装的 2 脚的 SWD 来提供处理器和内存的高度的系统可观测。Stellaris 实现通过基于 ARM CoreSight™-SWJ-DP 接口取代了 ARM SW-DP 和 JTAG-DP。对于系统跟踪，处理器集成了一个仪表跟踪宏单元（ITM），具有数据断点和分析单元，能够简单地低成本的系统跟踪事件。串行线观测器（SWV）通过一个单引脚能导出软件产生的信息、数据跟踪和分析信息的数据流。

　　Flash 补丁和断点单元（FPB）提供高达 8 个硬件断点比较仪，这些可被调试器使用。在 FPB 中比较仪提供在程序代码中的 CODE 内存区多达 8 个字的重映射功能。这允许存储在只读 Flash 中应用可以拼接到片上 SRAM 或 Flash 的另一个区。当需要拼接时，应用编程 FPB 来重映射一组地址。当这些地址被访问时，访问被重定位到 FPB 配置中指定的重映射表中。

　　更多关于 Cortex-M3 的调试能力，见 ARM® Debug Interface V5 Architecture Specification。

5.2.3　跟踪端口接口单元（TPIU）

　　TPIU 充当来自 ITM 的 Cortex-M3 跟踪数据以及片外跟踪端口分析仪之间的桥接器。如图 5-2 所示。

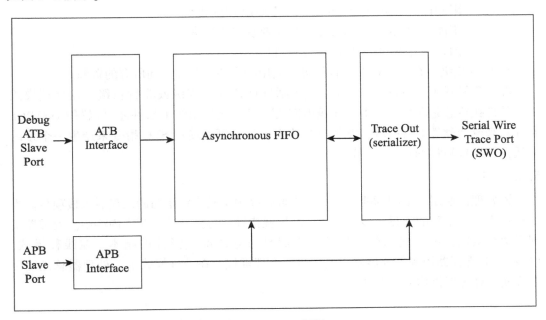

图 5-2　TPIU 框图

5.2.4　Cortex-M3 系统组件细节

Cortex-M3 包含以下系统组件。

（1）SysTick。24 位的递减定时器，可被用作 RTOS 的 tick 定时器，或者作为一个简单的计数器。

（2）嵌套向量中断控制器（NVIC）。一个嵌入的中断控制器，支持低延迟中断处理。

（3）系统控制块（SCB）。处理器的编程模型接口。SCB 提供系统实现信息和系统控制，包括配置、控制和系统异常报告。

（4）内存保护单元（MPU）。通过为不同的内存区定义内存属性来提高系统的稳定性。MPU 提供多达 8 个不同区和一个可选的预定义的背景区。

5.3　编程模型

这部分描述了 Cortex-M3 的编程模型。另外还有单个的内核寄存器描述，处理器模式的信息和软件执行、堆栈的权限级别。

5.3.1　处理器模式和软件执行的权限级别

Cortex-M3 有两种操作模式。

（1）线程模式。用于执行应用程序。当处理器复位后进入线程模式。

（2）处理模式。用于处理异常。当处理器完成异常的处理之后返回到线程模式。

另外，Cortex-M3 有两个权限级别。

（1）无特权级。在此模式下，软件有如下限制：

　　—— 限制访问 MSR 和 MRS 指令且不使用 CPS 指令

　　—— 不能访问系统定时器，NVIC 或者系统控制块

　　—— 内存和外设的访问可能受到限制

（2）特权级。在此模式下，软件可以使用所有的指令和访问所有的资源。

在线程模式下，CONTROL 寄存器控制软件是在特权级或非特权级。在处理模式下，软件执行总是在特权级下。在线程模式下只有在特权级下软件才可以写 CONTROL 寄存器来改变软件的特权级。非特权模式下，软件可以使用 SVC 指令来产生一个系统调用把控制权转移到特权下的软件。

5.3.2　堆栈

该处理器使用向下的满栈，意味着在堆内存中堆栈指针指向的是最后入栈项目。当处理器推入一个新的项目入栈时，先递减堆栈指针，再把新项目写入内存中。处理器实现了两个堆栈：主堆栈和处理堆栈，它们是对立的堆栈指针的副本。在线程模式，CONTROL 寄存器控制处理器使用主堆栈或处理堆栈。在处理模式下，处理器总是使用主堆栈。处理器操作如表 5-1 所示。

表 5-1　处理器模式摘要、特权等级和堆栈使用

处理器模式	用途	特权等级	堆栈使用
Thread	应用	特权级或有非特权级	主堆栈或进程堆栈
Handler	异常处理	特权级	主堆栈

5.3.3　寄存器映射

图 5-3 显示了 Cortex-M3 的寄存器集。表 5-2 列出了核心寄存器。核心寄存器并没有映射内存且可以通过寄存器访问，所以基址是 n/a 且没有偏移。

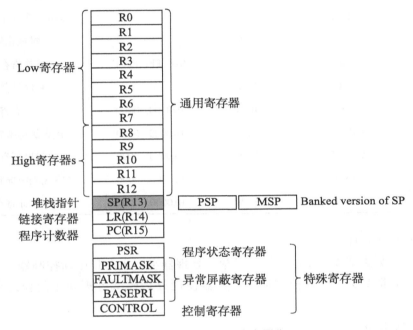

图 5-3　Cortex-M3 寄存器集

表 5-2　处理器寄存器 Map

Offset	名称	类型	复位	描述
—	R0	R/W	—	Cortex 通用寄存器 0
—	R1	R/W	—	Cortex 通用寄存器 1
—	R2	R/W	—	Cortex 通用寄存器 2
—	R3	R/W	—	Cortex 通用寄存器 3
—	R4	R/W	—	Cortex 通用寄存器 4
—	R5	R/W	—	Cortex 通用寄存器 5

（续表）

Offset	名称	类型	复位	描述
—	R6	R/W	—	Cortex 通用寄存器 6
—	R7	R/W	—	Cortex 通用寄存器 7
—	R8	R/W	—	Cortex 通用寄存器 8
—	R9	R/W	—	Cortex 通用寄存器 9
—	R10	R/W	—	Cortex 通用寄存器 10
—	R11	R/W	—	Cortex 通用寄存器 11
—	R12	R/W	—	Cortex 通用寄存器 12
—	SP	R/W	—	堆栈指针
—	LR	R/W	0xFFFF. FFFF	链接寄存器
—	PC	R/W	—	程序计数器
—	PSR	R/W	0x0100. 0000	程序状态寄存器
—	PRIMASK	R/W	0x0000. 0000	优先级屏蔽寄存器
—	FAULTMASK	R/W	0x0000. 0000	故障屏蔽寄存器
—	BASEPRI	R/W	0x0000. 0000	基本优先级屏蔽寄存器
—	CONTROL	R/W	0x0000. 0000	Control 寄存器

5.3.4 异常和中断

Cortex-M3 处理器支持中断和系统异常。处理器和嵌入向量中断控制器分级和处理所有异常。异常改变了软件控制流。处理器使用处理模式处理除了复位之外的所有异常。

5.3.5 数据类型

Cortex-M3 支持 32 位字、16 位半字和 8 位字节。处理器也支持 64 位指令传送。所有指令和数据访问都是小端模式。

5.4 存储模型

本节描述处理器存储映射，内存访问和位带特征。处理器提供 4GB 的寻址空间和混合的存储映射。表 5-3 提供了 LM3S9B96 控制器的内存映射。寄存器地址是以 16 进制增量给出的，与内存映射中的模型基址有关。在 SRAM 和外设区包含位带区。位带区对位数据提供原子操作。处理器位核心外设寄存器保留了相应范围的私有外设总线地址区。

注意：在存储器映射，当读写所有保留空间时返回一个总线 fault。

表 5-3　内存映射

开始	结束	描述
存储器		
0x0000.0000	0x0003.FFFF	片上 Flash
0x0004.0000	0x00FF.FFFF	保留
0x0100.0000	0x1FFF.FFFF	为 ROM 保留
0x2000.0000	0x2001.7FFF	片上 SRAM 位带
0x2001.8000	0x21FF.FFFF	保留
0x2200.0000	0x222F.FFFF	0x2000.0000 到 0x200F.FFFF 位带别名区
0x2230.0000	0x3FFF.FFFF	保留
FiRM 外设		
0x4000.0000	0x4000.0FFF	看门狗定时器 0
0x4000.1000	0x4000.1FFF	看门狗定时器 1
0x4000.2000	0x4000.3FFF	保留
0x4000.4000	0x4000.4FFF	GPIO 端口 A
0x4000.5000	0x4000.5FFF	GPIO 端口 B
0x4000.6000	0x4000.6FFF	GPIO 端口 C
0x4000.7000	0x4000.7FFF	GPIO 端口 D
0x4000.8000	0x4000.8FFF	SSI0
0x4000.9000	0x4000.9FFF	SSI1
0x4000.A000	0x4000.BFFF	保留
0x4000.C000	0x4000.CFFF	UART 0
0x4000.D000	0x4000.DFFF	UART 1
0x4000.E000	0x4000.EFFF	UART 2
Peripherals		
0x4000.F000	0x4001.FFFF	保留
0x4002.0000	0x4002.07FF	I2C 主机 0
0x4002.0800	0x4002.0FFF	I2C 从机 0
0x4002.1000	0x4002.17FF	I2C 主机 1
0x4002.1800	0x4002.1FFF	I2C 从机 1
0x4002.2000	0x4002.3FFF	保留
0x4002.4000	0x4002.4FFF	GPIO 端口 E
0x4002.5000	0x4002.5FFF	GPIO 端口 F

（续表）

开始	结束	描述
0x4002.6000	0x4002.6FFF	GPIO 端口 G
0x4002.7000	0x4002.7FFF	GPIO 端口 H
0x4002.8000	0x4002.8FFF	PWM
0x4002.9000	0x4002.BFFF	保留
0x4002.C000	0x4002.CFFF	QEI0
0x4002.D000	0x4002.DFFF	QEI1
0x4002.E000	0x4002.FFFF	保留
0x4003.0000	0x4003.0FFF	定时器 0
0x4003.1000	0x4003.1FFF	定时器 1
0x4003.2000	0x4003.2FFF	定时器 2
0x4003.3000	0x4003.3FFF	定时器 3
0x4003.4000	0x4003.7FFF	保留
0x4003.8000	0x4003.8FFF	ADC0
0x4003.9000	0x4003.9FFF	ADC1
0x4003.A000	0x4003.BFFF	保留
0x4003.C000	0x4003.CFFF	模拟比较器
0x4003.D000	0x4003.DFFF	GPIO 端口 J
0x4003.E000	0x4003.FFFF	保留
0x4004.0000	0x4004.0FFF	CAN0 控制器
0x4004.1000	0x4004.1FFF	CAN1 控制器
0x4004.2000	0x4004.7FFF	保留
0x4004.8000	0x4004.8FFF	以太网控制器
0x4004.9000	0x4004.FFFF	保留
0x4005.0000	0x4005.0FFF	USB
0x4005.1000	0x4005.3FFF	保留
0x4005.4000	0x4005.4FFF	I2S0
0x4005.5000	0x4005.7FFF	保留
0x4005.8000	0x4005.8FFF	GPIO 端口 A（AHB 端口）
0x4005.9000	0x4005.9FFF	GPIO 端口 B（AHB 端口）
0x4005.A000	0x4005.AFFF	GPIO 端口 C（AHB 端口）
0x4005.B000	0x4005.BFFF	GPIO 端口 D（AHB 端口）

（续表）

开始	结束	描述
0x4005. C000	0x4005. CFFF	GPIO 端口 E（AHB 端口）
0x4005. D000	0x4005. DFFF	GPIO 端口 F（AHB 端口）
0x4005. E000	0x4005. EFFF	GPIO 端口 G（AHB 端口）
0x4005. F000	0x4005. FFFF	GPIO 端口 H（AHB 端口）
0x4006. 0000	0x4006. 0FFF	GPIO 端口 J（AHB 端口）
0x4006. 1000	0x400C. FFFF	保留
0x400D. 0000	0x400D. 0FFF	EPIO
0x400D. 1000	0x400F. CFFF	保留
0x400F. D000	0x400F. DFFF	Flash 存储器控制
0x400F. E000	0x400F. EFFF	系统控制
0x400F. F000	0x400F. FFFF	μDMA
0x4010. 0000	0x41FF. FFFF	保留
0x4200. 0000	0x43FF. FFFF	0x4000. 0000 到 0x400F. FFFF 的位带别名
0x4400. 0000	0x5FFF. FFFF	保留
私有外设总线		
0x6000. 0000	0xDFFF. FFFF	EPIO 映射的外设和 RAM
0xE000. 0000	0xE000. 0FFF	设备跟踪宏单元（ITM）
0xE000. 1000	0xE000. 1FFF	数据监测点和跟踪（DWT）
0xE000. 2000	0xE000. 2FFF	Flash 补丁和断点（FPB）
0xE000. 3000	0xE000. DFFF	保留
0xE000. E000	0xE000. EFFF	Cortex-M3 外设（SysTick、NVIC、SCB 和 MPU）
0xE000. F000	0xE003. FFFF	保留
0xE004. 0000	0xE004. 0FFF	跟踪端口接口单元（TPIU）
0xE004. 1000	0xFFFF. FFFF	保留

5.4.1　内存区，类型和属性

内存映射和 MPU 的编程将内存映射分割成几个区域。每个区被定义了存储类型且有些区有附件的内存属性。存储类型和属性决定访问该区的行为。

存储类型：

普通：处理器为了效率可重新排序和不确定的读操作。

设备：处理器保存传送顺序并严格依照顺序和其他设备交换信息。

严格顺序：处理器保存所有传送的顺序。

对于设备和严格顺序的不同之处在于，对设备类型来说存储系统可以缓冲到设备的写操作而对严格顺序来说不可缓冲写操作。附件的存储属性是永不执行区（XN）。意味着处理器阻止指令访问。只要在 XN 区执行指令就会产生故障异常。

5.4.2 内存访问存储系统顺序

大多数的内存访问时通过具体的内存访问指令，存储系统并不能保证访问的顺序和指令的编程顺序一致，提供的顺序不影响指令序列的行为。通常，如果程序的正常执行依赖于两次内存访问依照编程顺序，则软件要在两次内存访问指令之间插入内存阻碍指令。然而，内存系统保证设备和严格顺序存储之间的访问顺序。两条内存访问指 A1 和 A2，如果 A1 和 A2 都访问设备或者严格顺序存储器，并且在编程顺序上 A1 在 A2 前边，则 A1 将一直在 A2 前边被获取。

5.4.3 存储器访问行为

表 5-4 显示了在内存映射中每个区的访问行为。Stellaris 保留如表 5-4 所示的地址范围。

表 5-4 存储器访问行为

地址范围	存储器区域	存储器类型	从不执行（XN）	描述
0x0000.0000 – 0x1FFF.FFFF	代码	正常	—	这个可执行区域用于存放程序代码，数据也可以保存在这里
0x2000.0000 – 0x3FFF.FFFF	SRAM	正常	—	这个可执行区域用于存放数据，代码也可以保存在这里。这个区域包括了位带和位带别名区（表 5-5）
0x4000.0000 – 0x5FFF.FFFF	外设	器件	XN	这个区域包括了位带和位带别名区（表 5-6）
0x6000.0000 – 0x9FFF.FFFF	外部 RAM	正常	—	这个可执行区域用于存放数据
0xA000.0000 –0xDFFF.FFFF	外部器件	器件	XN	这个区域用作外部器件存储器
0xE000.0000– 0xE00F.FFFF	私有外部总线	排好的	XN	这个区域包括 NVIC、系统定时器和系统控制模块
0xE010.0000– 0xFFFF.FFFF	保留	—	—	—

CODE、SRAM 和外部 RAM 可以保存程序。推荐在 CODE 区保存程序因为 Cortex-M3 分离总线可以同时取指和访问数据。MPU 可以不理会默认内存访问。Cortex-M3 预取指超前取指和分支预测。

5.4.4 存储器访问的软件顺序

程序流中的指令顺序并不总能保证相应的内存传送顺序，有以下几个原因。

（1）为提高效率，处理器能够记录一些内存访问，提供这些并不影响指令序列的行为。

（2）处理器有多总线接口。

（3）内存映射中的内存或设备有不同的等待状态。

（4）有些内存访问被缓冲或者是不确定的。

"内存访问的存储系统顺序"描述了存储系统保证内存访问顺序的几种情况。如果内存访问顺序是关键的，软件必须包含内存边界指令强制顺序。Cortex-M3 有如下的内存边界指令。

（1）数据内存边界指令（DMB）确保后来的内存传送指令到来之前未完成的内存传送指令完成。

（2）数据同步边界（DSB）确保后来的指令执行之前未完成的指令传送完成。

（3）指令同步边界（ISB）确保所有完成了的内存传送的影响能被后来的指令识别。

内存边界指令可被用在下面的情况。

（1）MPU 编程。

— MPU 设置改变了并且改变必须在下条指令时有效。使用 DSB 指令确保 MPU 的影响在上下文切换时立即生效

— 使用 ISB 指令确保新的 MPU 设置在编程 MPU 区后立即生效，如果使用分支或者调用进入 MPU 配置代码。如果 MPU 配置代码是使用异常机制进入的，就不需要 ISB 指令

（2）向量表。如果程序改变改变了向量表的入口，在两次操作之间使用 DMB 指令使能相应的异常。DMB 指令确保异常在使能后能够立即发生，处理器使用新的异常表。

（3）自修改代码。如果程序包含自修改代码，在程序修改后立即使用 ISB 指令。ISB 指令确保后来的指令执行更新的程序。

（4）内存映射切换。如果系统包含内存映射切换机制，在程序中切换内存映射之后使用 DSB 指令。DSB 指令确保后面指令的执行使用新的内存映射。

（5）动态异常优先级改变。当一个异常在挂起或者活动时其优先级需要改变，在改变之后使用 DSB 指令。在 DSB 指令执行之后改变开始发生作用。

5.4.5　位带区

位带区映在位带别名区中的每个字到位带区中的单个位。位带区占用 SRAM 和外设内存区中最少 1MB 空间。对 32MB SRAM 别名区的访问映射到 SRAM 中 1MB 的位带区，如表 5-5 所示。访问 32MB 的外设别名区映射到 1MB 外设位带区，如表 5-6 所示。

注意：对在 SRAM 或外设位带别名区中一个字的访问映射到 SRAM 或外设位带区中的一个位。对位带区的一个字访问结果是对相应内存的一个字访问，类似半字或字节访问，这样就与相应外设的访问要求相符合。

表 5-5　SRAM 内存位带区

地址范围	存储器区域	指令和数据访问
0x2000.0000 – 0x200F.FFFF	SRAM 位带区	对这个存储器范围的直接访问行为如同对 SRAM 存储器的访问。但是该区域也可通过位带别名进行位寻址
0x2200.0000 – 0x23FF.FFFF	SRAM 位带别名	对这个区域的数据访问被重新映射到位带区。一个写操作被执行为读—修改—写。指令访问没有重新映射

表 5-6　外设存储器位带区域

地址范围	存储器区域	指令和数据访问
0x4000.0000 – 0x400F.FFFF	外设位带区	对这个存储器范围的直接访问行为如同对外设存储器的访问。但是该区域也可通过位带别名进行位寻址
0x4200.0000 – 0x43FF.FFFF	外设位带别名	对这个区域的数据访问被重新映射到位带区。一个写操作被执行为读—修改—写。指令访问没有重新映射

下面的公式演示了别名区和位带区的映射关系：

bit_word_offset =（byte_offset x 32）+（bit_number x 4） bit_word_addr = bit_band_base+bit_word_offset

5.5　异常模式

ARM Cortex-M3 处理器和嵌套矢量中断控制器（NVIC）在处理模式对所有的异常进行优先级划分和处理。异常发生时处理器状态被自动存储到堆栈，中断服务程序（ISR）结束时又自动被恢复。向量的读取与状态保存并行，高效率进入中断。处理器支持尾链（tail-chaining），这样使执行背靠背中断不需要重叠的状态保存和恢复。

表 5-7 列出了所有的异常类型。软件可以在 7 个异常（系统处理程序）和 53 个中断（表 5-8）上设置 8 个优先级。

系统处理程序的优先级由 NVIC 的系统处理程序优先级 n 寄存器（SYSPRIn）设定。中断通过 NVIC 的中断设置使能 n 寄存器（ENn）使能，由 NVIC 的中断优先级 n 寄存器（PRIn）设置优先级。优先级可以被分组为先发优先级和子优先级。

在内部用户可编程的最高优先级（0）是第 4 优先级，按顺序在复位、非屏蔽中断（NMI）和硬件故障之后。注意 0 是所有可编程优先级的默认优先级。

注意：在一次写操作清除中断源后，对于 NVIC 来说，需要花费几个处理器周期才能看到中断源被禁止。所以如果在中断处理程序中最后清除中断，有可能中断处理程序结束了但是 NVIC 看到中断仍然有效，导致错误的重新进入中断处理程序。这种情况可以避免，或者通过在中断处理程序开始时清除中断源，或者在写操作清除中断源后执行一个读或写操作（刷新写缓冲器）。

5.5.1　异常状态

每种异常都处于下列状态之一。

（1）不活动的。异常不是活动的也不是挂起的。

（2）挂起的。异常正在等待处理器服务。来自外设或软件的中断请求可以将相应的中断变为挂起状态。

（3）活动的。处理器正在服务的异常，并且异常没有结束。

> **注意**：一个异常处理程序可以中断另一个异常处理程序的执行。就此来说，两个异常都处于活动状态。

（4）活动的和挂起的。异常正被处理器服务，并且有一个挂起的异常来自相同的源。

5.5.2　异常类型

异常类型如表 5-7 所示。

（1）复位。上电或热复位会引起复位。异常模式将复位看作一种特殊形式的异常。当复位有效时，在指令的任何时刻，处理器的操作都会停止。当复位不再有效时，从向量表中复位入口的地址重新开始执行。在线程模式中该执行是特权执行。

（2）NMI。一个非屏蔽中断（NMI）可以通过使用 NMI 信号或软件使用中断控制和状态寄存器（INTCTRL）触发来发出信号。除了复位，该异常有最高的优先级。NMI 永久使能并拥有一个固定的优先级−2。NMI 不能被其他任何异常屏蔽或阻止，也不能被除复位外的其他任何异常取代。

（3）硬件故障。硬件故障是一个异常，它的发生是由于异常处理期间有错误，或者异常不能被任何异常机制管理。硬件故障拥有一个固定的优先级−1，表明它的优先级高于任何可配置的优先级。

（4）存储器管理故障。存储器管理故障是一个异常，它的发生是由于存储器保护相关故障，包括访问冲突和不匹配。在处理指令存储器和数据存储器时，MPU 或固定存储器保护限制决定了该故障。该故障用来取消指令对不执行（XN）存储区域的访问，即使 MPU 是禁止的。

（5）总线故障。总线故障是一个异常，它的发生是由于对指令或数据存储器处理时存储器的相关故障，如预取指错误或存储器访问故障。该故障可以被使能或禁止。

（6）使用故障。A 使用故障是一个异常，它的发生是由于指令执行的相关故障，如：

   — 一个未定义的指令

   — 一次非法的未对齐访问

   — 指令执行时的无效状态

   — 异常返回错误。

当内核被正确配置后，在字或半字存储器访问未对齐的地址或除以 0 都会引起一个使用故障。

（7）SVCall。系统调用（SVC）是一个异常，它由 SVC 指令触发。在 OS 环境，应用程序可以使用 SVC 指令来访问 OS 内核函数和器件驱动。

（8）调试监视器。这个异常是由于调试监视器（没有停止时）引起的。该异常只有在使能时才激活。如果该异常的优先级低于当前的动作，那么它不会激活。

（9）PendSV。PendSV 是一个可挂起的中断驱动对系统级服务的请求。在 OS 环境，当没有其他异常活动时，可使用 PendSV 作为背景切换。PendSV 使用中断控制和状态寄存器（INTCTRL）触发。

（10）SysTick。SysTick 异常是在系统定时器使能中断时，系统定时器达到 0 时产生的。软件也可以通过中断控制和状态寄存器（INTCTRL）来产生一个 SysTick 异常。在 OS 环境，处理器可以使用该异常作为系统时标。

（11）中断（IRQ）。中断或 IRO 是一个异常，它由外设标记，或者通过软件请求并由 NVIC（划分优先顺序的）反馈产生。所有的中断与指令执行都是异步的。在系统中，外设使用中断与处理器通信。表 5-8 列出了 LM3S9B96 控制器的中断。

对于异步异常，除复位外，处理器可以在异常触发和处理器进入异常处理程序之间执行其他指令。特权软件可以禁止表 5-7 显示的可配置优先级的异常。

表 5-7 异常类型

异常类型	向量号	优先级	向量地址或偏移量	激活
—	0	—	0x0000.0000	复位时向量表的首入口地址载入堆栈顶部
复位	1	-3（最高）	0x0000.0004	异步
非屏蔽中断（NMI）	2	-2	0x0000.0008	异步
硬件故障	3	-1	0x0000.000C	—
存储器管理	4	可编程	0x0000.0010	同步
总线故障	5	可编程	0x0000.0014	精确时同步，不精确时异步
使用故障	6	可编程	0x0000.0018	同步
	7-10		—	保留
SVCall	11	可编程	0x0000.002C	同步
调试监视器	12	可编程	0x0000.0030	同步
—	13	—	—	保留
PendSV	14	可编程	0x0000.0038	异步
SysTick	15	可编程	0x0000.003C	异步
中断	16 及以上	可编程	0x0000.0040 及以上	异步

表 5-8　中断

向量号	中断号 （中断寄存器中的位）	向量地址或偏移量	描述
0-15	—	0x0000.0000-0x0000.003C	处理器异常
16	0	0x0000.0040	GPIO 端口 A
17	1	0x0000.0044	GPIO 端口 B
18	2	0x0000.0048	GPIO 端口 C
19	3	0x0000.004C	GPIO 端口 D
20	4	0x0000.0050	GPIO 端口 E
21	5	0x0000.0054	UART0
22	6	0x0000.0058	UART1
23	7	0x0000.005C	SSI0
24	8	0x0000.0060	I2C0
25	9	0x0000.0064	PWM 故障
26	10	0x0000.0068	PWM 发生器 0
27	11	0x0000.006C	PWM 发生器 1
28	12	0x0000.0070	PWM 发生器 2
29	13	0x0000.0074	QEI0
30	14	0x0000.0078	ADC0 序列 0
31	15	0x0000.007C	ADC0 序列 1
32	16	0x0000.0080	ADC0 序列 2
33	17	0x0000.0084	ADC0 序列 3
34	18	0x0000.0088	看门狗定时器 0 和 1
35	19	0x0000.008C	定时器 0A
36	20	0x0000.0090	定时器 0B
37	21	0x0000.0094	定时器 1A
38	22	0x0000.0098	定时器 1B
39	23	0x0000.009C	定时器 2A
40	24	0x0000.00A0	定时器 2B
41	25	0x0000.00A4	模拟比较器 0
42	26	0x0000.00A8	模拟比较器 1
43	27	0x0000.00AC	模拟比较器 2
44	28	0x0000.00B0	系统控制

（续表）

向量号	中断号 （中断寄存器中的位）	向量地址或偏移量	描述
45	29	0x0000.00B4	Flash 存储器控制
46	30	0x0000.00B8	GPIO 端口 F
47	31	0x0000.00BC	GPIO 端口 G
48	32	0x0000.00C0	GPIO 端口 H
49	33	0x0000.00C4	UART2
50	34	0x0000.00C8	SSI1
51	35	0x0000.00CC	定时器 3A
52	36	0x0000.00D0	定时器 3B
53	37	0x0000.00D4	I2C1
54	38	0x0000.00D8	QEI1
55	39	0x0000.00DC	CAN0
56	40	0x0000.00E0	CAN1
57	41	保留	以太网控制器
58	42	0x0000.00E8	
59	43	保留	USB
60	44	0x0000.00F0	
61	45	0x0000.00F4	PWM 发生器 3
62	46	0x0000.00F8	μDMA 软件
63	47	0x0000.00FC	μDMA 错误
64	48	0x0000.0100	ADC1 序列 0
65	49	0x0000.0104	ADC1 序列 1
66	50	0x0000.0108	ADC1 序列 2
67	51	0x0000.010C	ADC1 序列 3
68	52	0x0000.0110	I2S0
69	53	0x0000.0114	EPI
70	54	0x0000.0118	GPIO 端口 J

5.5.3　异常处理程序

（1）中断服务程序（ISRs）。中断（IRQx）是异常，由 ISRs 处理。

（2）故障处理程序。硬件故障、存储器管理故障、使用故障以及总线故障都是故障异常，由故障处理程序处理。

（3）系统处理程序。NMI、PendSV、SVCall、SysTick和故障异常都是系统异常，由系统处理程序处理。

5.5.4　向量表

向量表包含了堆栈指针的复位值和开始地址，对于所有的异常处理程序也可称作异常向量。向量表使用表 5-7 所示的向量地址或偏移量来构架。图 5-4 显示了向量表中异常向量的次序。

每个向量的最低位必须为 1，表示异常处理程序是 Thumb 码。

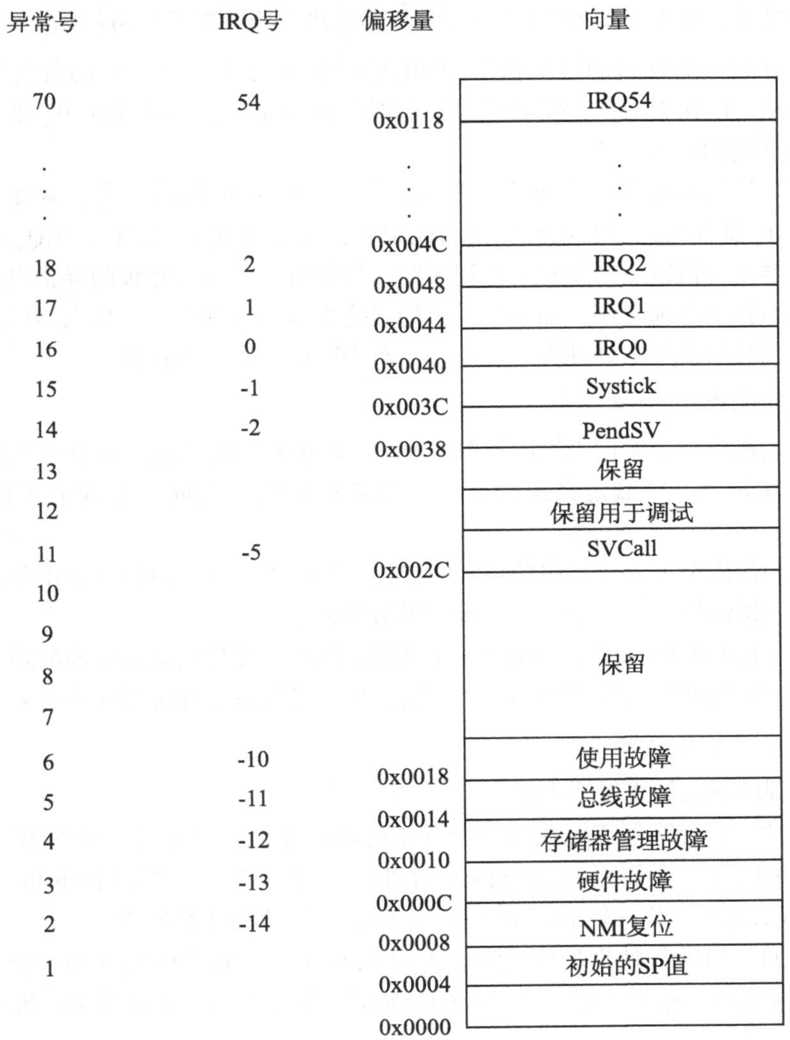

异常号	IRQ号	偏移量	向量
70	54	0x0118	IRQ54
⋮		⋮	⋮
18	2	0x004C	IRQ2
17	1	0x0048	IRQ1
16	0	0x0044	IRQ0
15	-1	0x0040	Systick
14	-2	0x003C	PendSV
13		0x0038	保留
12			保留用于调试
11	-5	0x002C	SVCall
10			
9			
8			保留
7			
6	-10	0x0018	使用故障
5	-11	0x0014	总线故障
4	-12	0x0010	存储器管理故障
3	-13	0x000C	硬件故障
2	-14	0x0008	NMI复位
1		0x0004	初始的SP值
		0x0000	

图 5-4　向量

系统复位时，向量表固定在地址 0x0000.0000。特权软件可以通过写向量表偏移量寄存器（VTABLE）来将向量表的开始地址定位到从 0x0000.0200 到 0x3FFF.FE00 范围内的不同存储地址。注意在配置 VTABLE 寄存器时,偏移量必须在 512 字节的边界对齐。

5.5.5 异常优先级

如表 5-7 所示,所有的异常都有其相关的优先级,优先级的值低表示其优先级高,除复位、硬件复位和 NMI 外的所有异常都可以配置优先级。如果软件没有配置任何优先级,那么可配置优先级的所有异常其优先级值为 0。

> **注意:**对于 Stellaris® 的使用,可配置的优先级值范围是 0~7。这就意味着带有负的优先级值的复位、硬件故障和 NMI 等异常,总是比其他异常有更高的优先级。

例如,分配一个较高的优先级值给 IRQ[0]同时分配一个较低的优先级值给 IRQ[1],表示 IRQ[1]比 IRQ[0]有更高的优先级。如果 IRQ[1]和 IRQ[0]都有效,那么 IRQ[1]先于 IRQ[0]被处理。

如果多个挂起的异常有相同的优先级,那么异常号最低的优先。例如,如果 IRQ[1]和 IRQ[0]都挂起并且它们有相同的优先级,那么 IRQ[0]优先于 IRQ[1]。

当处理器正在执行一个异常处理程序时,如果有个更高优先级的异常发生,那么它将取代当前的异常处理程序。如果有一个同样优先级的异常发生,那么不管其异常号如何都不会取代当前的异常处理程序。但是,新中断的状态变为挂起。

5.5.6 中断优先级分组

为提高系统中对中断优先级的控制,NVIC 支持优先级分组。这个分组将中断优先级寄存器入口分为高区域定义组的优先级和低区域定义在同一组内的子优先级两个区域。

只有组的优先级可以决定中断异常的取代。当处理器正在执行一个中断异常处理程序时,同优先级组的另一个中断不能取代当前的处理程序。

如果多个挂起的中断处于相同的优先级组,那么子优先级决定处理的顺序。如果多个挂起的中断有相同的组优先级和子优先级,那么最低 IRQ 编号的中断先被处理。

5.5.7 异常进入和返回

异常处理的描述使用以下术语。

(1)取代。当处理器正在执行一个异常处理程序时,如果另一个异常的优先级更高,那么它可以取代当前正在执行的异常处理程序。关于中断取代的更多信息,见"中断优先级分组"。当一个异常取代另一个时,它们称为嵌套异常。

(2)返回。当异常处理程序完成,并且没有挂起的有足够优先级的异常被服务,并且完成的异常处理程序不是一个后到的异常时,发生返回。处理器弹出堆栈并恢复到中断发生前的状态。

(3)尾链。该机制加速异常处理。当一个异常处理程序完成时,如果有一个挂起的异常满足进入的要求,堆栈弹出将被跳过并且控制权直接转移到新的异常处理程序。

(4)后到。该机制加速取代。如果在先前的异常正在保存状态期间有一个更高优先级的异常发生，那么处理器会切换到处理更高优先级的异常并开始为该异常取出向量。后到不会影响状态保存，因为对于前后两个异常来说，要保存的状态是一样的。

所以，状态保存会没有中断的持续进行。处理器可以在直到先前异常处理程序的第一条指令进入执行阶段时再接受后到的异常。从后到的异常处理程序返回时，正常的尾链规则有效。

5.5.7.1　异常进入

异常进入发生的条件是，有一个挂起的有足够优先级的异常，同时处理器处于线程模式，或者新的异常优先级高于正在处理的异常，这种情况新的异常将取代原先的异常。

当一个异常取代另一个异常时，它们是嵌套的。足够的优先级表示异常比屏蔽寄存器设置的任何限制都要更优先，比它的优先级低的异常会挂起而不是由处理器处理。

当处理器取得一个异常时，除非该异常是尾链的或后到的异常，否则处理器会将信息压入当前堆栈中。这个操作可参考堆栈，8 个数据字的结构可参考堆栈框（图 5-5）。

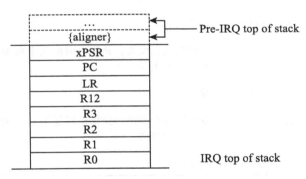

图 5-5　异常堆栈框

入栈操作完成后，堆栈指针立即指示堆栈框的最低地址。堆栈框包含返回地址，它是被中断程序的下一条指令的地址。当异常返回时这个地址重新载入 PC 以便被中断的程序重新开始。

当入栈操作进行时，处理器并行从向量表读取异常处理程序的开始地址。当入栈操作完成时，处理器开始执行异常处理程序。同时，处理器将 EXC_RETURN 值写入LR，表明哪个堆栈指针与堆栈框相对应，以及处理器在进入异常前处于何种操作模式。

如果在异常进入期间没有更高优先级的异常发生，处理器开始执行异常处理程序并自动将相应挂起的中断状态更改为活动的。

如果在异常进入期间有另一个更优先的异常发生，即后到，处理器开始执行后到的异常处理程序，并且不改变先前异常的挂起状态。

5.5.7.2　异常返回

异常返回发生在处理器的处理模式，处理器执行下列指令之一，将 EXC_RETURN

值装载到 PC。

（1）装载 PC 的 LDM 或 POP 指令。

（2）使用任意寄存器的 BX 指令。

（3）将 PC 作为目标的 LDR 指令。

EXC_RETURN 是异常进入时载入 LR 的值。异常机制依赖这个值来检测处理器什么时候完成异常处理程序。这个值的低 4 位提供了有关返回堆栈和处理器模式的信息。表 5-9 显示了 EXC_RETURN 值，包括其异常返回行为的描述。

EXC_RETURN 的位 31：4 都是置位的。当这个值载入 PC 时，它表示对于处理器异常已经完成，处理器开始执行适合的异常返回序列。

表 5-9　异常返回行为

EXC_RETURN［31：0］	描述
0xFFFF. FFF0	保留
0xFFFF. FFF1	返回到处理模式。异常返回使用来自 MSP 的状态。返回后异常使用 MSP
0xFFFF. FFF2-0xFFFF. FFF8	保留
0xFFFF. FFF9	返回到线程模式。异常返回使用来自 MSP 的状态。返回后异常使用 MSP
0xFFFF. FFFA-0xFFFF. FFFC	保留
0xFFFF. FFFD	返回到线程模式。异常返回使用来自 MSP 的状态。返回后异常使用 MSP
0xFFFF. FFFE-0xFFFF. FFFF	保留

5.6　故障处理

故障是异常的一个子集。下面的条件产生一个故障：

（1）在取指或载入向量表或访问数据时的总线错误。

（2）内部检测出的错误，如没有定义的指令或尝试用一个 BX 指令更改状态。

（3）尝试从一个标记为不可执行（XN）的存储区域执行指令。

（4）由于权限冲突或尝试访问未管理区域而产生的 MPU 错误。

5.6.1　故障类型

表 5-10 显示了故障类型、用于故障的处理程序、相应的故障状态寄存器和表示故障发生的寄存器位。

表 5-10　故障

故障	处理程序	故障状态寄存器	位名字
读向量时的总线错误	硬件故障	硬件故障状态（HFAULTSTAT）	VECT
故障扩大到硬件故障	硬件故障	硬件故障状态（HFAULTSTAT）	FORCED
存取指令时 MPU 或默认的存储器不匹配	存储器管理故障	存储器管理故障状态（MFAULT-STAT）	IERR[a]
存取数据时 MPU 或默认的存储器不匹配	存储器管理故障	存储器管理故障状态（MFAULT-STAT）	DERR
异常堆栈时 MPU 或默认的存储器不匹配	存储器管理故障	存储器管理故障状态（MFAULT-STAT）	MSTKE
异常退出堆栈时 MPU 或默认的存储器不匹配	存储器管理故障	存储器管理故障状态（MFAULT-STAT）	MUSTKE
异常堆栈时的总线错误	总线故障	总线故障状态（BFAULTSTAT）	BSTKE
异常退出堆栈时的总线错误	总线故障	总线故障状态（BFAULTSTAT）	BUSTKE
预取指令时的总线错误	总线故障	总线故障状态（BFAULTSTAT）	IBUS
精确数据总线错误	总线故障	总线故障状态（BFAULTSTAT）	PRECISE
非精确数据总线错误	总线故障	总线故障状态（BFAULTSTAT）	IMPRE
尝试访问协处理器	使用故障	使用故障状态（UFAULTSTAT）	NOCP
没有定义的指令	使用故障	使用故障状态（UFAULTSTAT）	UNDEF
尝试进入无效指令集状态[b]	使用故障	使用故障状态（UFAULTSTAT）	INVSTAT
无效的 EXC_RETURN 值	使用故障	使用故障状态（UFAULTSTAT）	INVPC
非法的未对齐下载或存储	使用故障	使用故障状态（UFAULTSTAT）	UNALIGN
除以 0	使用故障	使用故障状态（UFAULTSTAT）	DIV0

　　a：发生在对 XN 区域的访问，及时 MPU 是禁止的
　　b：尝试使用一个不是 Thumb 指令集的其他指令集，或者在 ICI 持续进行时返回到一个非下载存储复合指令

5.6.2　故障扩大和硬件故障

　　除硬件故障外的所有故障异常都有可配置的异常优先级。软件可以禁止执行这些故障的处理程序。通常，异常优先级和异常屏蔽寄存器的值决定了处理器是否可以进入故障处理程序，一个故障处理程序是否可以取代另外一个故障处理程序。

　　在某些状况下，一个带有可配置优先级的故障可被看作一个硬件故障。该处理称为优先级扩大，该故障被描述为扩大到硬件故障，扩大到硬件故障发生在如下几方面。

　　（1）故障处理程序引起了与它所服务的故障类型相同的故障。这种扩大到硬件故障的发生是因为故障处理程序不能取代自身，因为它的优先级与当前优先级一样。

　　（2）故障处理程序引起了与它所服务的故障优先级相同或更低的故障。这种情况

的发生是因为新的故障处理程序不能取代当前正在执行的故障程序。

（3）一个异常引起了故障，该故障的优先级等于或低于当前正在执行的异常。

（4）一个故障发生了，但是该故障的处理程序没有使能。

当进入一个总线故障处理程序时，如果在堆栈入栈期间发生了一个总线故障，该总线故障不会扩大到硬件故障。因此如果一个损坏的堆栈引起了一个故障，即使该处理程序的入栈失败，故障处理程序依然会执行。故障处理程序运行，但是堆栈内容是损坏的。

注意：只有复位和 NMI 可以取代固定优先级的硬件故障。硬件故障可以取代除复位、NMI 或另外硬件故障之外的任何异常。

5.6.3　故障状态寄存器和故障地址寄存器

故障状态寄存器显示了故障原因。对于总线故障和存储器管理故障，故障地址寄存器显示了造成故障的操作要访问的地址，如表 5-11 所示。

表 5-11　故障状态和故障地址寄存器

处理程序	状态寄存器名称	地址寄存器名称
硬件故障	硬件故障状态（HFAULTSTAT）	—
存储器管理故障	存储器管理故障状态（MFAULTSTAT）	存储器管理故障地址（MMADDR）
总线故障	总线故障状态（BFAULTSTAT）	总线故障地址（FAULTADDR）
使用故障	使用故障状态（UFAULTSTAT）	—

5.6.4　死锁

当处理器执行 NMI 或硬件故障处理程序时，如果一个硬件故障发生，那么处理器进入死锁状态。当处理器处于死锁状态时，它不执行任何指令。处理器将保持在死锁状态直到它被复位或 NMI 发生。

注意：如果死锁状态从 NMI 处理程序引发，那么随后的 NMI 不会使处理器离开死锁状态。

5.7　电源管理

Cortex-M3 处理器的睡眠模式减少了功耗。

（1）睡眠模式停止处理器时钟。

（2）深度睡眠模式停止系统时钟并关闭 PLL 和 Flash 存储器。

系统控制寄存器（SYSCTRL）的 SLEEPDEEP 位选择使用何种睡眠模式。本节描述进入睡眠模式的机制和从睡眠模式唤醒的条件，它们对于睡眠模式和深度睡眠模式都适用。

5.7.1　进入睡眠模式

本节描述使用软件将处理器进入一种睡眠模式的机制。系统可以产生假造的唤醒事件，如调试操作可唤醒处理器。所以软件必须能够在该事件后将处理器返回到睡眠模式。一段程序可能有一个空循环来将处理器返回到睡眠模式。

5.7.1.1　等待中断

等待中断指令，WFI，会导致立即进入睡眠模式，除非唤醒条件为真。当处理器执行一条 WFI 指令时，它停止执行指令并进入睡眠模式。

更多信息参见 Cortex-M3 指令集技术用户手册。

5.7.1.2　等待事件

等待事件指令，WFE，进入睡眠模式依赖于一位事件寄存器的值。当处理器执行一条 WFE 指令时，它检测事件寄存器。如果寄存器为 0，处理器停止执行指令并进入睡眠模式。如果寄存器为 1，处理器清零寄存器，接着继续执行指令而不进入睡眠模式。

如果事件寄存器为 1，处理器执行一条 WFE 指令时一定不会进入睡眠模式。通常，这种情况在一条 SEV 指令被执行后发生，软件不能直接访问这个寄存器。

更多信息参见 Cortexm-M3 指令集技术用户手册。

5.7.1.3　睡眠中退出（Sleep-on-Exit）

如果 SYSCTRL 寄存器的 SLEEPEXIT 位置位，当处理器执行完一段异常处理器程序后，它返回线程模式并立即进入睡眠模式。这种机制可用于异常发生时需要处理器运行的情况。

5.7.2　从睡眠模式唤醒

处理器唤醒的条件依赖于促使其进入睡眠模式的机制。

5.7.2.1　从 WFI 或睡眠中退出（Sleep-on-Exit）唤醒

通常，处理器只有在检测到一个异常，并且该异常足够优先执行时才唤醒。有些嵌入式系统可能会在处理器唤醒后执行中断处理程序前必须执行系统恢复任务。进入中断处理程序可能会被置位 PRIMASK 位和清零 FAULTMASK 位延迟。如果一个中断使能并且比当前异常的优先级高，该中断到来时处理器唤醒但直到处理器清零 PRIMASK 后才执行中断处理程序。

5.7.2.2　从 WFE 唤醒

处理器如果检测到一个足够优先执行的异常，处理器会唤醒。

另外，如果 SYSCTRL 寄存器的 SEVONPEND 位置位，任何新挂起的中断，即使该中断被禁止或没有足够的优先级执行，都会触发一个事件并唤醒处理器。

5.8　指令集总结

该处理器执行一个 Thumb 指令集版本。表 5-12 列出了支持的指令。

> **注意**：在表 5-12 中，尖括号，<>，包含了操作数的替代形式；大括号，{}，包含了可选的操作数；操作数列是不全面的；Op2 是第二操作数，它可以是一个寄存器，也可以是一个常数；大部分指令可以使用一个可选的状态码后缀。

关于指令和操作数的更多信息，可参阅 Cortexm-M3 指令集技术用户手册中的指令
描述。

表 5-12　Cortex-M3 指令总结

助记符	操作数	简要描述	标志
ADC，ADCS	{Rd,} Rn, Op2	带进位加法	N, Z, C, V
ADD，ADDS	{Rd,} Rn, Op2	加法	N, Z, C, V
ADD，ADDW	{Rd,} Rn, #imm12	加法	N, Z, C, V
ADR	Rd, label	载入 PC 相对地址	—
AND，ANDS	{Rd,} Rn, Op2	逻辑与	N, Z, C
ASR，ASRS	Rd, Rm, <Rs | #n>	算术右移	N, Z, C
B	label	转移	—
BFC	Rd, #lsb, #width	位域清零	—
BFI	Rd, Rn, #lsb, #width	位域插入	—
BIC，BICS	{Rd,} Rn, Op2	位清零	N, Z, C
BKPT	#imm	断点	—
BL	label	带连接转移	—
BLX	Rm	带连接的间接转移	—
BX	Rm	间接转移	—
CBNZ	Rn, label	比较非零转移	—
CBZ	Rn, label	比较为零转移	—
CLREX	—	清除互斥	—
CLZ	Rd, Rm	计算前导 0 的数目	—
CMN	Rn, Op2	负向比较	N, Z, C, V
CMP	Rn, Op2	比较	N, Z, C, V
CPSID	iflags	改变处理器状态，禁止中断	—
CPSIE	iflags	改变处理器状态，使能中断	—
DMB	—	数据存储隔离	—

（续表）

助记符	操作数	简要描述	标志
DSB	—	数据同步隔离	—
EOR, EORS	{Rd,} Rn, Op2	近位异或	N, Z, C
ISB	—	指令同步隔离	—
IT	—	If-Then 条件块	—
LDM	Rn {!}, reglist	加载多个寄存器，加载后自增加	—
LDMDB, LDMEA	Rn {!}, reglist	加载多个寄存器，加载前自减	—
LDMFD, LDMIA	Rn {!}, reglist	加载多个寄存器，加载后自增加	—
LDR	Rt, [Rn {, #offset}]	从寄存器中加载字	—
LDRB, LDRBT	Rt, [Rn {, #offset}]	从寄存器中加载字节	—
LDRD	Rt, Rt2, [Rn {, #offset}]	从寄存器中加载双字	—
LDREX	Rt, [Rn, #offset]	加载寄存器，标记互斥	—
LDREXB	Rt, [Rn]	从寄存器加载字节，标记互斥	—
LDREXH	Rt, [Rn]	从寄存器加载半字，标记互斥	—
LDRH, LDRHT	Rt, [Rn {, #offset}]	从寄存器加载半字	—
LDRSB, LDRSBT	Rt, [Rn {, #offset}]	从寄存器加载带符号的字节	—
LDRSH, LDRSHT	Rt, [Rn {, #offset}]	从寄存器加载带符号的半字	—
LDRT	Rt, [Rn {, #offset}]	从寄存器加载字	—
LSL, LSLS	Rd, Rm, <Rs | #n>	逻辑左移	N, Z, C
LSR, LSRS	Rd, Rm, <Rs | #n>	逻辑右移	N, Z, C
MLA	Rd, Rn, Rm, Ra	乘加，32 位结果	—
MLS	Rd, Rn, Rm, Ra	乘减，32 位结果	—
MOV, MOVS	Rd, Op2	加载	N, Z, C
MOV, MOVW	Rd, #imm16	加载 16 位常数	N, Z, C
MOVT	Rd, #imm16	加载高位	—
MRS	Rd, spec_reg	从特殊寄存器加载到通用寄存器	—
MSR	spec_reg, Rn	从通用寄存器加载到特殊寄存器	N, Z, C, V
MUL, MULS	{Rd,} Rn, Rm	乘法，32 位结果	N, Z
MVN, MVNS	Rd, Op2	取反加载	N, Z, C
NOP	—	无操作	—
ORN, ORNS	{Rd,} Rn, Op2	逻辑或取反	N, Z, C
ORR, ORRS	{Rd,} Rn, Op2	逻辑或取反	N, Z, C

（续表）

助记符	操作数	简要描述	标志
POP	reglist	从堆栈中弹出到寄存器	—
PUSH	reglist	将寄存器值压入堆栈	—
RBIT	Rd, Rn	位反转	—
REV	Rd, Rn	在一个字中反转字节顺序	—
REV16	Rd, Rn	在每个半字中反转字节顺序	—
REVSH	Rd, Rn	反转低半字的字节顺序，带符号扩展	—
ROR, RORS	Rd, Rm, <Rs | #n>	循环右移	N, Z, C
RRX, RRXS	Rd, Rm	带进位的循环右移	N, Z, C
RSB, RSBS	{Rd,} Rn, Op2	反向减法	N, Z, C, V
SBC, SBCS	{Rd,} Rn, Op2	带借位的减法	N, Z, C, V
SBFX	Rd, Rn, #lsb, #width	带符号位域扩展	—
SDIV	{Rd,} Rn, Rm	带符号除法	—
SEV	—	发送事件	—
SMLAL	RdLo, RdHi, Rn, Rm	带符号乘加（32×32+64），64 位结果	—
SMULL	RdLo, RdHi, Rn, Rm	带符号乘法（32×32），64 位结果	—
SSAT	Rd, #n, Rm {, shift #s}	带符号的饱和运算	Q
STM	Rn {!}, reglist	保存多个寄存器，保存后自增加	—
STMDB, STMEA	Rn {!}, reglist	保存多个寄存器，保存前自减	—
STMFD, STMIA	Rn {!}, reglist	保存多个寄存器，保存后自增加	—
STR	Rt, [Rn {, #offset}]	保存寄存器字	—
STRB, STRBT	Rt, [Rn {, #offset}]	保存寄存器字节	—
STRD	Rt, Rt2, [Rn {, #offset}]	保存寄存器双字	—
STREX	Rd, Rt, [Rn, #offset]	在互斥状态保存寄存器	—
STREXB	Rd, Rt, [Rn]	在互斥状态保存寄存器字节	—
STREXH	Rd, Rt, [Rn]	在互斥状态保存寄存器半字	—
STRH, STRHT	Rt, [Rn {, #offset}]	保存寄存器半字	—
STRSB, STRSBT	Rt, [Rn {, #offset}]	保存寄存器带符号字节	—
STRSH, STRSHT	Rt, [Rn {, #offset}]	保存寄存器带符号半字	—
STRT	Rt, [Rn {, #offset}]	保存寄存器字	—

（续表）

助记符	操作数	简要描述	标志
SUB，SUBS	{Rd,} Rn, Op2	减法	N，Z，C，V
SUB，SUBW	{Rd,} Rn, #imm12	减 12 位常数	N，Z，C，V
SVC	#Imm	系统服务调用	—
SXTB	{Rd,} Rm {, ROR #n}	带符号扩展一个字节	—
SXTH	{Rd,} Rm {, ROR #n}	带符号扩展一个半字	—
TBB	[Rn, Rm]	查表转移字节	—
TBH	[Rn, Rm, LSL #1]	查表转移半字	—
TEQ	Rn, Op2	测试是否相等	N，Z，C
TST	Rn, Op2	测试	N，Z，C
UBFX	Rd, Rn, #lsb, #width	无符号位域扩展	—
UDIV	{Rd,} Rn, Rm	无符号除法	—
UMLAL	RdLo, RdHi, Rn, Rm	无符号乘加（32×32+64），64 位结果	—
UMULL	RdLo, RdHi, Rn, Rm	无符号乘法（32×32），64 位结果	—
USAT	Rd, #n, Rm {, shift #s}	无符号饱和操作	Q
UXTB	{Rd,} Rm {, ROR #n}	无符号扩展一个字节	—
UXTH	{Rd,} Rm {, ROR #n}	无符号扩展一个半字	—
WFE	—	等待事件	—
WFI	—	等待中断	—

6 ARM Cortex-M3 内核级外设

本章介绍 Stellaris® 系列微控制器中 Cortex-M3 处理器的内核级外设，包括如下方面。

（1）系统定时器 SysTick。提供一个简单易用、配置灵活的 24 位单调递减计数器。该计数器具有写入即清零、过零自动重载等特性。

（2）嵌套式向量化中断控制器（Nested Vectored Interrupt Controller，简写为 NVIC）。

    — 可实现异常及中断的快速响应处理

    — 可控制电源管理

    — 实现系统控制寄存器

（3）系统控制模块（System Control Block，简写为 SCB）。可提供系统构成信息，并进行系统控制，包括系统异常的配置、控制以及上报。

（4）存储器保护单元（MPU）。支持标准的 ARMv7 受保护存储器系统架构（PMSA）模型。MPU 为保护区、重叠保护区域、访问权限提供了完善的支持，并且支持将存储器属性导出到系统。

表 6-1 列出了私有外设总线（Private Peripheral Bus，简写为 PPB）的地址映射。某些外设寄存器空间还会进一步划分为两个区，在表中分别列为两组地址。

表 6-1 内核级外设寄存器分布

地址	内核级外设
0xE000 E010 0xE000 E01F	系统定时器
0xE000 E100 0xE000 E4EF 0xE000 EF00 0xE000 EF03	嵌套式向量化中断控制器
0xE000 E008 0xE000 E00F 0xE000 ED00 0xE000 ED3F	系统控制模块
0xE000 ED90 0xE000 EDB8	存储器保护单元

6.1 系统定时器（SysTick）

Cortex-M3 内核集成有一个系统定时器 SysTick，提供简单易用、配置灵活的 24 位单调递减计数器，还具有写入即清零、过零自动重载等特性。该计数器的用途广泛，举例来说，有如下几方面。

（1）用作 RTOS 的节拍定时器，按照可编程的频率（例如，100Hz）定时触发，调用系统定时器服务子程序。

（2）用作高速报警定时器，采用系统时钟作为时钟源。

（3）用作频率可变的报警或信号定时器——其周期取决于所采用的参考时钟源以及计数器的动态范围；用作简单计数器，测量任务的完成时刻、总体耗时等。

（4）用于实现基于失配/匹配周期的内部时钟源控制。此时通过查询 STCTRL 控制及状态寄存器的 COUNT 标志位，可以判定某个动作是否在指定的时间内完成，以此作为动态时钟管理控制环的一部分。

系统定时器包含以下 3 个寄存器。

（1）系统定时器控制及状态寄存器（STCTRL）。该寄存器用于配置系统定时器的时钟、使能计数器、使能 SysTick 中断、判定计数器状态。

（2）系统定时器重载值寄存器（STRELOAD）。该寄存器包含计数器重载值，每当计数器过零时自动重载。

（3）系统定时器当前值寄存器（STCURRENT）。该寄存器包含计数器的当前值。

使能系统定时器后，计数器将在每个时钟递减一次，从重载值逐个递减到 0，之后在下一个时钟沿翻转（重载 STRELOAD 寄存器的值），之后继续每个时钟递减一次，如此周而复始。如果将 STRELOAD 寄存器清零，则会在下次重载时终止计数器的运行。当计数器递减到 0 时，COUNT 标志位将置位。读取 COUNT 标志位后其自动清零。

对 STCURRENT 寄存器进行写操作，即可将此寄存器清零，同时还将清零 COUNT 标志位。这个写操作并不会触发 SysTick 异常逻辑。读取该寄存器时，返回值是该寄存器被访问时刻的内容。

系统定时器的计数器是按照处理器时钟运行的。假如在某些低功耗模式下停止提供该时钟信号，则系统定时器的计数器也将停止运行。软件在访问系统定时器的寄存器时，应确保始终采用字对齐操作予以访问。

> 注意：在调试过程中若处理器暂停，那么此计数器也不再递减。

6.2　嵌套式向量化中断控制器（NVIC）

本节介绍嵌套式向量化中断控制器（NVIC）及其寄存器。NVIC 支持：①53 个中断。②每个中断的优先级均可编程，取值范围 0~7。优先级数字越大则其优先级越低，也就是说 0 代表最高优先级。③可实现异常及中断的快速响应处理。④中断信号可以是电平检测或脉冲检测；⑤动态重设中断优先级。⑥优先级可分组，划分为分组优先级域以及子优先级域。⑦支持咬尾中断。⑧提供一个外部的不可屏蔽中断（NMI）。

处理器在异常入口处能够自动将状态入栈，在退出异常时能够自动将状态出栈。这个过程是处理器自行完成的，无需多余的指令开销，因此可快速响应异常并进行处理。

6.2.1　电平式中断及脉冲式中断

处理器支持电平式中断及脉冲式中断，脉冲式中断通常又称为边沿触发中断。对于电平式中断而言，只要外设产生中断信号就会始终保持处于触发状态，直到外设中断信号复原后才不再触发。一般来说这需要 ISR（中断服务子程序）对外设进行操作，使得外设不再产生中断请求信号。脉冲式中断则在处理器时钟的上升沿同步采样中断信号，因此为确保 NVIC 能够成功检测到中断，外设所产生的中断信号必须保持至少一个时钟周期，在此期间 NVIC 可检测到脉冲并锁存中断。

当处理器进入 ISR 后，将自动清除该中断的挂起状态。对于电平式中断，假如处理器从 ISR 返回后、中断信号仍未复原，则中断将再次被判定为挂起，于是处理器将再次运行其 ISR。外设可以像这样保持中断信号持续享用服务，直到其不再需要服务为止。

6.2.2　中断的硬件控制及软件控制

Cortex-M3 内核能够锁存所有中断。当满足以下条件之一，外设中断即变为挂起状态。

（1）NVIC 检测到某个中断信号为高电平，并且该中断为未激活状态。

（2）NVIC 检测到某个中断信号的上升沿。

（3）软件对中断设置挂起寄存器的相应位写 1，或向软件触发中断寄存器（SWTRIG）的相应位写 1，于是形成软件产生中断的挂起。

中断挂起后将保持挂起状态，直到满足以下条件之一。

（1）处理器进入该中断的 ISR，将中断状态由挂起改为已激活。

　　—— 对于电平式中断，当处理器从 ISR 返回后，NVIC 将再次采样中断信号。假如仍然检测到中断信号，那么中断状态将再次变为挂起，使得处理器立即重新进入该 ISR。否则，中断状态将变为未激活

　　—— 对于脉冲式中断，处理器时刻监视着中断信号的状态。只要检测到中断脉冲信号就会将中断状态改为挂起并激活。在此情况下，当处理器从 ISR 返回后，中断状态将再次变为挂起，使得处理器立即重新进入该 ISR

如果当处理器在 ISR 内期间并未产生中断脉冲信号，那么当处理器从 ISR 返回后，中断状态将变为未激活。

（2）软件对中断清除挂起寄存器中的相应标志位执行写操作。

　　—— 对于电平式中断，若仍旧产生中断信号，那么中断状态将保持不变。否则，中断状态将变为未激活

　　—— 对于脉冲式中断，假如中断状态是挂起并激活，则将变为未激活

6.3　系统控制模块（SCB）

系统控制模块提供系统构成信息，并能实现系统控制功能，包括系统异常的配置、控制以及上报。

6.4　存储器保护单元（MPU）

本节介绍存储器保护单元（MPU）。MPU 将存储器映射空间划分为若干个存储区，并分别规定每一个存储区的起始地址、大小、访问权限以及存储属性。MPU 支持为每一个存储区分别定义其属性设置，支持重叠区的设置，此外还能将存储属性导出到

系统。

存储属性影响对该存储区进行访问时的表现。Cortex-M3 的 MPU 定义了 8 个相互独立的存储区，分别编号为 0~7，此外还定义了一个背景区。

当存储区出现重叠时，重叠部分的访问将由编号最大的存储区属性决定。例如，第 7 存储区始终优先于其他存储区，因此一旦与其他区发生重叠时，都将以第 7 区的存储属性为准。背景区的存储器访问属性与默认的存储器映射相同，但只允许特权级软件依此进行访问。

Cortex-M3 的 MPU 存储器映射是统一的，也就是说指令访问和数据访问都是共用相同的存储区设置。假如程序试图访问某个地址，而该地址被 MPU 设置为禁止访问，那么处理器将产生一个存储管理故障，并由此触发故障异常。这个异常可能会导致操作系统环境下某个进程终止运行。在操作系统环境下，操作系统内核能够按照进程的实际需求来动态更新 MPU 区的设置。一般来说，嵌入式操作系统都需要通过 MPU 实现存储器保护。

MPU 区的配置是基于存储器类型的，表 6-2 列出了 MPU 区的可能属性。

表 6-2　存储器属性摘要

存储器类型	描述
严格顺序	对严格顺序存储器的所有访问必须按照程序顺序进行
设备	存储器映射外部设备
普通	普通存储器

为避免出现无法预料的执行结果，如果某些中断的处理函数可能访问某存储区，那么在更新该存储区的属性之前，应当先关闭这些中断。

在访问 MPU 寄存器时，应确保软件按照正确的宽度进行对齐访问。

（1）除 MPU 区属性及大小寄存器（MPUATTR）外，所有 MPU 寄存器必须按字对齐进行访问。

（2）MPUATTR 寄存器可按字节对齐、半字对齐或字对齐进行访问。

处理器不支持对 MPU 寄存器进行未对齐访问。在配置 MPU 时，由于 MPU 可能曾经被编程过，因此所有当前不用的存储区都应当禁用，防止存储区的旧设置对当前更新后的 MPU 设置产生不良影响。

7　ARM Cortex-M3 JTAG 接口

　　联合测试行动组（JTAG）是一个 IEEE 标准，它定义了数字集成电路的测试访问端口和边界扫描结构，并且提供了一个标准化的串行接口来控制关联的测试逻辑。TAP，指令寄存器（IR）和数据寄存器（DR）可用来测试组合印制线路板的互连并获取组件的制造信息。JTAG 端口还提供了方法来访问和控制可测性设计的特性，如 I/O 管脚的观察和控制，扫描测试以及调试。

　　JTAG 端口由 4 个管脚组成：TCK、TMS、TDI 和 TDO。数据通过 TDI 串行传送到控制器，通过 TDO 从控制器传送出来。该数据的解析取决于 TAP 控制器的当前状态。关于 JTAG 端口和 TAP 控制器操作的详细信息，请参考 IEEE 标准 1149.1-测试访问端口和边界扫描结构。

　　Stellaris® JTAG 控制器与植入 Cortex-M3 内核的 ARM JTAG 控制器一起工作，这是通过复用这两个 JTAG 控制器的 TDO 输出来实现的。ARM JTAG 指令选择 ARM 的 TDO 输出，而 Stellaris® JTAG 指令选择 Stellaris® 的 TDO 输出。复用器由 Stellaris® JTAG 控制器控制，它可以对 ARM、Stellaris® 和未执行的 JTAG 指令进行综合的编程。

　　Stellaris® JTAG 模块具有以下特性。

　　（1）IEEE 1149.1-1990 兼容的测试访问端口（TAP）控制器。

　　（2）4 位指令寄存器链，用于存储 JTAG 指令。

　　（3）IEEE 标准指令：BYPASS、IDCODE、SAMPLE/PRELOAD、EXTEST 和 IN-TEST。

　　（4）ARM 附加指令：APACC、DPACC 和 ABORT。

　　（5）集成的 ARM 串行线调试（SWD）。

　　　　— 串行线 JTAG 调试端口（SWJ-DP）

　　　　— Flash 补丁与断点单元（FPB），用于实现断点

　　　　— 数据观察点和触发器单元（DWT），用于实现观察点，触发源和系统评测

　　　　— 指令跟踪宏单元（ITM），用于支持打印形式的调试

　　　　— 跟踪端口接口单元（TPIU），用于连接跟踪端口分析器

7.1　方框图

　　JTAG 模块的方框图如图 7-1 所示。

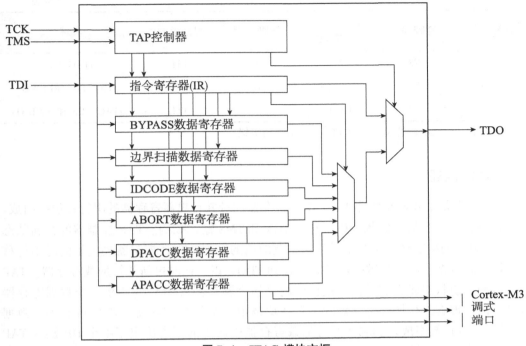

图 7-1 JTAG 模块方框

7.2 信号描述

表 7-1 和表 7-2 列出了 JTAG/SWD 控制器的外部信号，并且描述了每个信号的功能。JTAG/SWD 控制器信号中的某些 GPIO 信号具有复用功能，但是注意这些管脚的复位状态用于 JTAG/SWD 功能。表 7-1 中 "管脚复用/管脚分配" 的纵列列出了用于 JTAG/SWD 控制器信号的 GPIO 管脚的位置。GPIO 复用功能选择寄存器（GPIOAFSEL）的 AFSEL 位被置位用来选择 JTAG/SWD 功能。圆括号中的数字作为编码必须被编程到 GPIO 端口控制寄存器（GPIOPCTL）的 PMCn 域中，以此来将 JTAG/SWD 控制器信号配置到 GPIO 端口管脚。关于配置 GPIO 的更多信息，可查看 "通用输入/输出（GPIOs）"。

表 7-1 信号用于 JTAG_SWD_SWO（100LQFP）

管脚名称	管脚编号	管脚复用/ 管脚分配	管脚类型	缓冲类型[a]	描述
SWCLK	80	PC0（3）	I	TTL	JTAG/SWD CLK
SWDIO	79	PC1（3）	I/O	TTL	JTAG TMS 和 SWDIO
SWO	77	PC3（3）	O	TTL	JTAG TDO 和 SWO
TCK	80	PC0（3）	I	TTL	JTAG/SWD CLK

（续表）

管脚名称	管脚编号	管脚复用/管脚分配	管脚类型	缓冲类型[a]	描述
TDI	78	PC2（3）	I	TTL	JTAG TDI
TDO	77	PC3（3）	O	TTL	JTAG TDO 和 SWO
TMS	79	PC1（3）	I	TTL	JTAG TMS 和 SWDIO

a：TTL 设计表示该管脚具有与 TTL 兼容的电压等级

7.3 功能描述

JTAG 模块由测试访问端口（TAP）寄存器和带并行更新寄存器的串行移位链组成。TAP 控制器是一个简单的状态机，它由 TCK 和 TMS 输入控制。TAP 控制器的当前状态取决于 TMS 管脚在 TCK 信号上升沿所捕获的值的序列。TAP 控制器决定了何时串行移位链捕捉新数据，何时将数据从 TDI 移位到 TDO，以及何时更新并行加载寄存器。TAP 控制器的当前状态还决定了正在被访问的是指令寄存器（IR）链还是一个数据寄存器（DR）链。带有并行加载寄存器的串行移位链由一个指令寄存器（IR）链和多个数据寄存器（DR）链组成。加载在并行加载寄存器中的当前指令决定了哪个 DR 链在 TAP 控制器排序过程中被捕捉、移位或更新。某些指令，如 EXTEST 和 INTEST，会对当前位于 DR 链的数据进行操作，但不会捕捉、移动或更新任何链。为了确保 TDI 和 TDO 之间的串行通道一直连接，未被执行的指令将会译码成 BYPASS 指令。

注意：在所有可能的复位源中，只有上电复位（POR）和确定的/RST 输入对 JTAG 模块有影响。管脚配置由/RST 输入和 POR 来复位，但是内部的 JTAG 逻辑只能由 POR 来复位。

7.3.1 JTAG 接口管脚

JTAG 接口由 4 个标准的管脚组成：TCK、TMS、TDI 和 TDO。在上电复位或由/RST 输入引起的复位后，这些管脚及它们的相关状态在表 7-2 中给出。关于每个管脚的详细信息紧随其后。关于如何重新编程这些引脚配置的更多信息，可参考"通用输入/输出（GPIOs）"。

表 7-2 JTAG 端口管脚状态，在上电复位或确认/RST 复位后

管脚名称	数据方向	内部上拉	内部下拉	驱动强度	驱动值
	输入	使能	禁止	N/A	N/A
TMS	输入	使能	禁止	N/A	N/A
TDI	输入	使能	禁止	N/A	N/A
TDO	输出	使能	禁止	2mA 驱动器	高阻

7.3.1.1　测试时钟输入（TCK）

　　TCK 管脚是 JTAG 模块的时钟。通过提供该时钟，测试逻辑可以独立于其他系统时钟而单独运行，这个时钟确保菊链的多个 JTAG TAP 控制器可以在组件之间同步传送串行测试数据。正常工作期间，TCK 通过一个自由运行的额定占空比为 50% 的时钟来驱动。必要时，TCK 可以在 0 或 1 停止一段时间。当 TCK 停止在 0 或 1 时，TAP 控制器的状态不会改变，同时 JTAG 指令寄存器和数据寄存器中的数据不会丢失。

　　默认情况下，TCK 管脚的内部上拉电阻在复位后使能，这样可以确保该管脚在没有外部源驱动的情况下不进行计时。只要 TCK 管脚连续被外部源驱动，就可以关闭内部上拉和下拉电阻来节省内部功耗。

7.3.1.2　测试模式选择（TMS）

　　TMS 管脚选择 JTAG TAP 控制器的下一个状态。TMS 在 TCK 的上升沿被采样。根据当前的 TAP 状态和 TMS 的采样值进入下一个状态。因为 TMS 管脚在 TCK 的上升沿被采样，所以 IEEE 标准 1149.1 期望 TMS 的值在 TCK 的下降沿改变。

　　保持 TMS 高电平持续 5 个连续的 TCK 周期，将驱使 TAP 控制器状态机进入 Test-Logic-Reset 状态。当 TAP 控制器进入 Test-Logic-Reset 状态时，JTAG 模块和相关寄存器都将复位为默认值，这个过程可被用于初始化 JTAG 控制器。

　　默认情况下，TMS 管脚的内部上拉电阻在复位后使能。对于 GPIO 端口 C 上拉电阻设置的更改应确保 PC1/TMS 的内部上拉电阻保持使能，否则 JTAG 通信可能会丢失。

7.3.1.3　测试数据输入（TDI）

　　TDI 管脚将一串串行信息提供给 IR 链和 DR 链。TDI 在 TCK 的上升沿被采样，根据当前 TAP 状态和当前指令，TDI 将这个数据传送到合适的移位寄存器链。因为 TDI 管脚在 TCK 的上升沿被采样，所以 IEEE 标准 1149.1 期望 TDI 的值在 TCK 的下降沿改变。

　　默认情况下，TDI 管脚的内部上拉电阻在复位后使能。对于 GPIO 端口 C 上拉电阻设置的更改应确保 PC2/TDI 的内部上拉电阻保持使能，否则 JTAG 通信可能会丢失。

7.3.1.4　测试数据输出（TDO）

　　TDO 管脚将一串串行信息从 IR 链或 DR 链输出。TDO 的值取决于当前 TAP 状态、当前指令和正被访问的链中的数据。

　　为了在不使用 JTAG 端口时节省功耗，当没有移出数据的活动时，TDO 管脚可被置为非激活驱动状态。因为 TDO 在菊链配置中可以和另外控制器的 TDI 连接，所以 IEEE 标准 1149.1 期望 TDO 的值在 TCK 的下降沿改变。

　　默认情况下，TDO 管脚的内部上拉电阻在复位后使能，这样确保了在不使用 JTAG 端口时，该管脚依然保持在一个不变的逻辑电平。如果在某些 TAP 控制器状态下可以接受内部高阻输出值，那么内部上拉和下拉电阻可以被关闭以节省内部功耗。

7.3.2　JTAG TAP 控制器

　　JTAG TAP 控制器状态机如图 7-2 所示。TAP 控制器状态机在确认上电复位

（POR）后复位进入到 Test-Logic-Reset 状态。为了在微控制器上电后复位 JTAG 模块，TMS 输入必须保持高电平并持续 5 个 TCK 时钟周期，这样来复位 TAP 控制器和所有相关的 JTAG 链。在 TMS 管脚上发出正确的序列，可以使 JTAG 模块移入新指令，移入数据，或者在扩展测试序列期间变为空闲。关于 TAP 控制器功能和每个状态发生的操作的详细情况，请参考 IEEE 标准 1149.1。

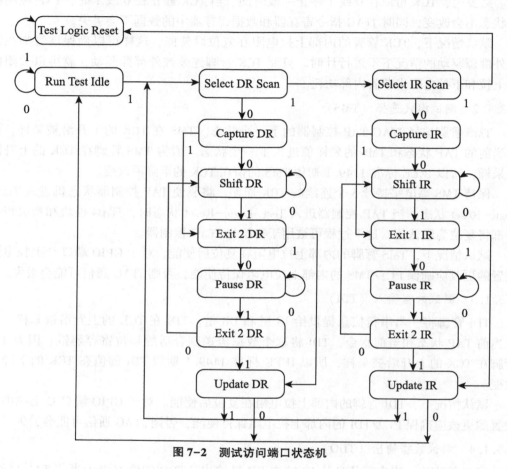

图 7-2　测试访问端口状态机

7.3.3　移位寄存器

移位寄存器由串行移位寄存器链和并行加载寄存器组成。在 TAP 控制器的 CAPTURE 状态下，串行移位寄存器链采样特定的信息，在 TAP 控制器的 SHIFT 状态下，允许该信息通过 TDO 管脚移出。

当采样数据正从 TDO 管脚移出链的同时，新的数据正从 TDI 管脚移入串行移位寄存器。这个新数据在 TAP 控制器的 UPDATE 状态下加载到并行加载寄存器。

7.3.4　操作注意事项

在使用 JTAG 模块时必须考虑某些操作参数。由于 JTAG 管脚能被编程为 GPIO，所以必须考虑这些管脚的线路板配置和复位条件。另外，由于 JTAG 模块已经集成了 ARM

串行线调试，所以在这两种操作模式间的切换方法如下所述。

7.3.4.1 GPIO 功能

当微控制器随着 POR 或者/RST 复位时，JTAG/SWD 端口管脚默认为它们的 JTAG/SWD 配置。在这些 JTAG/SWD 管脚上的默认配置包括：使能数字功能 {DEN [3：0] 在端口 C 的 GPIO 数字使能寄存器（GPIODEN）置位}，使能上拉电阻 {PUE [3：0] 在端口 C 的 GPIO 上拉选择寄存器（GPIOPUR）置位}，禁止下拉电阻 {PDE [3：0] 在端口 C 的 GPIO 下拉选择寄存器（GPIOPDR）清零}，使能复用硬件功能 {AFSEL [3：0] 在端口 C 的 GPIO 复用功能选择寄存器（GPIOAFSEL）置位}。

复位后软件有可能通过清零端口 C 的 GPIOAFSEL 寄存器的 AFSEL [3：0] 将这些管脚配置为 GPIO。如果用户不需要 JTAG/SWD 端口用于调试或板级测试，那么这将多提供 4 个 GPIO 供设计中使用。

注意：有可能会建立一个软件序列阻止调试器连接 Stellaris® 微控制器。如果加载到 Flash 的程序代码立即将 JTAG 管脚变为 GPIO 功能，那么在 JTAG 管脚功能切换前，调试器可能没有足够的时间连接和终止控制器。结果调试器可能被锁定在该部分外。通过使用一个基于外部或软件的触发器来恢复 JTAG 功能的软件程序可以避免这个问题。

GPIO 提交控制寄存器提供了保护层以防止对重要硬件外设的意外编程。当前对 NMI 管脚（PB7）和 4 个 JTAG/SWD 管脚（PC [3：0]）提供了保护。对 GPIO 复用功能选择寄存器（GPIOAFSEL），GPIO 上拉选择寄存器（GPIOPUR），GPIO 下拉选择寄存器（GPIOPDR），GPIO 数字使能寄存器（GPIODEN）的保护位进行写入是不会被提交保存的，除非 GPIO 锁定寄存器（GPIOLOCK）已被解锁并且 GPIO 提交寄存器（GPIOCR）的相应位被置位。

7.3.4.2 JTAG/SWD 通信

由于调试时钟和系统时钟可以在不同的频率运行，所以必须注意要与 JTAG/SWD 接口保持可靠的通信。在 Capture-DR 状态，先前处理的结果，如果有，将被返回，同时伴随一个 3 位的 ACK 应答。软件应该检测这个 ACK 应答，以便查看在初始化一个新的处理前，先前的操作是否已经完成。或者，如果系统时钟至少比调试时钟（TCK 或 SWCLK）快 8 倍，那么先前的操作有足够的时间来完成，ACK 位也不需要被检测。

7.3.4.3 恢复一个"锁死"的微控制器

如果软件配置任意一个 JTAG/SWD 管脚为 GPIO，并且失去与调试器进行通信的能力，那么有一个调试序列可用来恢复微控制器。当微控制器保持在复位时，执行总共 10 次的 JTAG 到 SWD 和 SWD 到 JTAG 的切换序列，将会整体擦除 Flash 存储器。恢复微控制器的序列是：

（1）发出并保持/RST信号。

（2）执行"JTAG 到 SWD 切换"一节中 JTAG 到 SWD 切换序列的第 1 步和第 2 步。

（3）执行"SWD 到 JTAG 切换"一节中 SWD 到 JTAG 切换序列的第 1 步和第 2 步。

（4）执行 JTAG 到 SWD 切换序列的第 1 步和第 2 步。

（5）执行 SWD 到 JTAG 切换序列的第 1 步和第 2 步。

（6）执行 JTAG 到 SWD 切换序列的第 1 步和第 2 步。

（7）执行 SWD 到 JTAG 切换序列的第 1 步和第 2 步。

（8）执行 JTAG 到 SWD 切换序列的第 1 步和第 2 步。

（9）执行 SWD 到 JTAG 切换序列的第 1 步和第 2 步。

（10）执行 JTAG 到 SWD 切换序列的第 1 步和第 2 步。

（11）执行 SWD 到 JTAG 切换序列的第 1 步和第 2 步。

（12）释放 $\overline{\text{RST}}$ 信号。

（13）等待 400ms。

（14）微控制器进入上电周期。

7.3.4.4 ARM 串行线调试（SWD）

为了无缝集成 ARM 串行线调试（SWD）功能，串行线调试器必须与 Cortex-M3 内核连接，而不必执行或了解 JTAG 周期。这可以通过一个 SWD 报头来实现，这个报头在 SWD 会话开始前发出。

用来使能 SWJ-DP 模块的 SWD 接口的报头在 TAP 控制器处于 Test-Logic-Reset 状态时开启。从这里开始，TAP 控制器的报头序列通过以下状态：Run Test Idle、Select DR、Select IR、Test LogicReset、Test Logic Reset、Run Test Idle、Run Test Idle、Select DR、Select IR、Test Logic Reset、Test Logic Reset、Run Test Idle、Run Test Idle、Select DR、Select IR 和 Test Logic Reset states。通过 TAP 状态机的这个序列进行步进，将使能 SWD 接口并禁止 JTAG 接口。关于该操作和 SWD 接口的更多信息，可查看 ARM® 调试接口 V5 架构说明。

由于这个序列是一系列有效的可发出的 JTAG 操作，所以 ARM JTAG TAP 控制器并不完全与 IEEE 标准 1149.1 一致。这是 ARM JTAG TAP 控制器唯一不完全符合规范的地方。由于 TAP 控制器在正常操作中该序列出现的可能性很低，所以应该不会影响 JTAG 接口的正常执行。

（1）JTAG 到 SWD 切换。为了将调试访问端口（DAP）的操作模式由 JTAG 切换到 SWD，外部调试硬件必须向微控制器发送切换报头。用于切换到 SWD 模式的 16 位 TMS 命令定义为 b1110. 0111. 1001. 1110，先发送 LSB。当先发送 LSB 时，这个命令也可以表示为 0xE79E。完整的切换序列应该包含在 TCK/SWCLK 和 TMS/SWDIO 信号上的下列操作：①TMS/SWDIO 为高电平，发送至少 50 个 TCK/SWCLK 周期，以确保 JTAG 和 SWD 都处于复位/空闲状态。②在 TMS 上发送 16 位 JTAG 到 SWD 的切换命令 0xE79E。③TMS/SWDIO 为高电平，发送至少 50 个 TCK/SWCLK 周期，以确保在发送切换序列之前，如果 SWJ-DP 已经处于 SWD 模式，那么 SWD 进入线复位状态。

（2）SWD 到 JTAG 切换。为了将调试访问端口（DAP）的操作模式由 SWD 切换到 JTAG，外部调试硬件必须向微控制器发送切换报头。用于切换到 JTAG 模式的 16 位 TMS 命令定义为 b1110. 0111. 0011. 1100，先发送 LSB。当先发送 LSB 时，这个命令也可以表示为 0xE73C。完整的切换序列应该包含在 TCK/SWCLK 和 TMS/SWDIO 信号上的下列操作：①TMS/SWDIO 为高电平，发送至少 50 个 TCK/SWCLK 周期，以确保 JTAG 和 SWD 都处于复位/空闲状态。②在 TMS 上发送 16 位 SWD 到 JTAG 的切换命令 0xE73C。③TMS/SWDIO 为高电平，发送至少 50 个 TCK/SWCLK 周期，以确保在发送切换序列之前，如果 SWJ-DP 已经处于 JTAG 模式，那么 JTAG 进入 Test Logic Reset 状态。

7.4　初始化和配置

在上电复位或外部复位（$\overline{RST}$）后，JTAG 管脚被自动配置用于 JTAG 通信。不需要用户定义的初始化或配置。但是，如果用户应用程序将这些管脚变成 GPIO 功能，那么在恢复 JTAG 通信前，这些管脚必须被配置到它们的 JTAG 功能。为了使管脚返回到它们的 JTAG 功能，需要使用 GPIOAFSEL 寄存器使能 4 个 JTAG 管脚（PC [3：0]）为它们的复用功能。另外，为了使能复用功能，任何其他与 4 个 JTAG 管脚（PC [3：0]）相关的对 GPIO 配置的改变都应该返回到它们的默认设置。

图 8-1 说明了内部存储器的结构框图和控制逻辑。图中的虚线框表示处于系统控

8 ARM Cortex-M3 内部存储器

LM3S9B96 微控制器带有 96kB 的位带 SRAM、内部 ROM 和 256kB 的 Flash 存储器。Flash 存储器控制器提供了一个友好的用户接口，使 Flash 编程成为一项简单的任务。在 Flash 存储器中可应用 Flash 存储器保护，以 2kB 块大小为单位。

8.1 框图

图 8-1 说明了内部存储器的结构框图和控制逻辑。图中的虚线框表示处于系统控

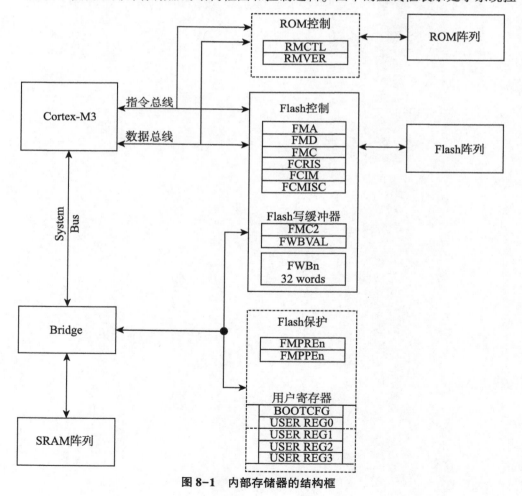

图 8-1 内部存储器的结构框

制模块中的寄存器。

8.2　功能描述

本节描述 SRAM、ROM 和 Flash 存储器的功能。

> **注意**：μDMA 控制器可以将数据转移到片上 SRAM，也可以从片上 SRAM 将数据转移出。但是，由于 Flash 存储器和 ROM 位于不同的内部总线，所以 μDMA 不能从 Flash 存储器或 ROM 转移数据。

8.2.1　SRAM

> **注意**：SRAM 使用两个 32 位的 SRAW 存储区来实现功能（分离的 SRAM 阵列）。存储区被这样分开，以便一个包含所有偶数字（偶存储区），另一个包含所有奇数字（奇存储区）。对同一个存储区执行读访问后立即执行写访问，中间会引起一个单时钟周期的停顿。但是对一个存储区执行读访问后对另一个存储区执行写访问，则可以在连续时钟周期内进行而不引起延迟。

Stellaris®设备的内部 SRAM 位于器件存储器的映射地址为 0x2000.0000。为了减少读-修改-写的操作时间，ARM 在 Cortex-M3 处理器中植入了位带技术。在位带使能的处理器中，存储器映射的特定区域（SRAM 和外设空间）能够使用地址别名，在单个原子操作中访问各个位。位带基址位于 0x2200.0000。

位带别名可以使用下面的公式计算：

位带别名=位带基址+（字节偏移量×32）+（位编号×4）

例如，如果要修改地址 0x2000.1000 的第 3 位，位带别名的计算如下：

0x2200.0000+（0x1000×32）+（3×4）= 0x2202.000C

通过计算得出的位带别名，对地址 0x2202.000C 执行读/写操作的指令可以直接访问地址 0x2000.1000 处字节的第 3 位。

8.2.2　ROM

Stellaris®设备的内部 ROM 位于器件存储器的映射地址为 0x0100.0000。ROM 包含下面几部分：①Stellaris®引导装载程序和向量表。②Stellaris®外设驱动库（DriverLib），为产品特定的外设和接口而发行。③SafeRTOS 代码。④高级加密标准（AES）密码表。⑤循环冗余检验（CRC）错误检测功能。

引导装载程序用作初始化程序的装载器（当 Flash 存储器为空时），也可以作为一种应用——初始的固件升级机制（通过回调引导装载程序）。应用程序可以调用 ROM 中外设驱动库的 API，以减少对 Flash 存储器的需求，释放 Flash 存储器空间用于其他目的（如应用程序增加的特性）。SafeRTOS 是一个低费用、微型、可优先购买的实时调度程序。高级加密标准（AES）是美国政府使用的公开定义的加密标准。循环冗余检验（CRC）是一项技术，用来确认一段数据的内容与先前检验的相同。

8.2.2.1　引导装载程序概述

Stellaris®引导装载程序用来将代码下载到设备的 Flash 存储器中，而不需要使用调试接口。任何复位内核的复位中，通过使用启动配置寄存器（BOOTCFG）中配置好的端口 A-H 的 GPIO 信号，用户可以选择让内核直接执行 ROM 的引导装载程序或 Flash 存储器上的应用程序。

复位时，ROM 映射在 Flash 存储器上，以便 ROM 的启动序列总能被执行，从 ROM 中执行的启动序列如下。

（1）清 BA 位（在下面）以使 ROM 映射在 0x01x.xxxx，同时 Flash 存储器映射在 0x0。

（2）读 BOOTCFG 寄存器。如果 EN 位被置位，那么将指定的 GPIO 管脚的状态与规定的极性相比较，如果管脚状态与规定的极性匹配，那么执行 ROM 的引导装载程序。

（3）如果管脚状态与规定极性不匹配，检查地址 0x0000.0004 来看 Flash 存储器是否被编程。如果该地址的数据是 0xFFFF.FFFF，那么执行 ROM 的引导装载程序。

（4）如果地址 0x0000.0004 的数据是有效的，那么堆栈指针（SP）装载 Flash 存储器地址 0x0000.0000 的数据，程序计数器（PC）装载地址 0x0000.0004 的数据。用户应用程序开始执行。

引导装载程序使用一个简单的封装接口提供与设备的同步通信。由于引导装载程序不能使能 PLL，所以它的速度由内部振荡器（PIOSC）频率决定。下面的串行接口可以使用：UART0、SSI0、I2C0、以太网。

为简单起见，所有串行接口的数据格式和通信协议都是相同的。

注意：引导装载程序的 Flash 存储器驻留版本也支持 CAN 和 USB。有关引导装载程序的软件信息可查看 Stellaris® 引导装载程序使用指南。

8.2.2.2　Stellaris® 外设驱动库

Stellaris® 外设驱动库包含一个叫做 driverlib/rom.h 的文件，它帮助调用 ROM 中的外设驱动库函数。每个函数的详细描述可在 Stellaris® ROM 使用指南中获得。更多关于调用 ROM 函数和使用 driverlib/rom.h 的详细信息，可查看 Stellaris® 外设驱动库使用指南中的"使用 ROM"一章。

ROM 起始处的表格指示了 ROM 提供的 API 的入口指针。通过这些表格访问 API 提供了可扩展性，因为 API 的位置可能会在将来的 ROM 版本中改变，而 API 表格不会变。该表格被分为两级，主表格包含的每个指针对应一个外设，该外设指向二级表格。二级表格包含的每个指针对应一个与外设相关的 API。主表格的位置在 0x0100.0010，恰好在 Cortex-M3 的 ROM 向量表后面。

DriverLib 函数在 Stellaris® 外设驱动库使用指南中有详细描述。

增加的 API 可用于图像和 USB 功能，但不会预装载到 ROM。Stellaris® 图像库提供了一系列图像原型，其中一部分用来在基于 Stellaris® 微处理器的有图形显示的板子上建立图形用户接口（更多信息可查看 Stellaris® 图像库使用指南）。Stellaris® 的 USB 库是一系列数据类型和函数，用来在基于 Stellaris® 微处理器的板子上建立 USB 设备，主机或 On-The-Go（OTG）应用（更多信息可查看 Stellaris® USB 库使用指南）。

8.2.2.3　SafeRTOS

SafeRTOS 属于 SIL3 RTOS 版本，它已经被认证可作为安全关键的应用。在功能上与 FreeRTOS 相似，但是扩展了安全功能。完全符合 IEC 61508 的开发和安全生命周期记录是可获得的（由 TüV SüD 做一致性认证，包括编译器校验证明）。

SafeRTOS 由 WITTENSTEIN 为了满足 IEC 61508 的高完整性系统而制作。SafeRTOS 在 LM3S9B96 微控制器的集成 ROM 内，可以使用 SafeRTOS 头文件、初始化代码和例程。为获得完全的 SIL 认证，可以从 WITTENSTEIN 购买一致性规范。

更多的信息可参考 SafeRTOS 使用说明。

8.2.2.4　高级加密标准（AES）密码表

AES 是一种强大的加密方法，拥有不错的性能和大小。AES 在硬件和软件方面都很快，它非常容易使用，并且只需要很少的存储空间。AES 可理想的用于预先排列好密钥的应用，如在加工或配置过程中的设置好。XySSL AES 使用的 4 个数据表都在 ROM 中提供。第一个是正向的 S-box 代换表，第二个是反向的 S-box 代换表，第三个是正向的多项式表，最后一个是反向的多项式表。关于 AES 的更多信息可查看 Stellaris® ROM 使用指南。

8.2.2.5　循环冗余检验（CRC）错误检测

CRC 技术可用来确认信息的正确接收（在传送中没有丢失或改变），用来确认解压后的数据，用来证实 Flash 存储器的内容没有更改，以及其他数据需要被确认的情况。CRC 优于简单的校验和（例如异或所有的位），因为它更容易捕捉到变化。关于 CRC 的更多信息可查看 Stellaris® ROM 使用指南。

8.2.3　Flash 存储器

在系统时钟速度为 50MHz 或以下时，Flash 存储器是单周期读取的。Flash 存储器由一系列 1kB 的块组织在一起，这些块可以被单独擦除。一个单独的 32 位字可以被编程将位从 1 变为 0。另外，写缓冲器提供了 Flash 存储器中连续 32 个字同时编程的能力。擦除一个块将使块中的所有位变为 1。1kB 的块可以配成一系列 2kB 的块，2kB 块可以被单独保护。该保护允许块被标记为只读或只执行，以提供不同等级的代码保护。只读块不能被擦除或编程，块的内容受保护不能修改。只执行块不能被擦除或编程，只能通过控制器取指机制来读取它的内容，块的内容受保护不能被控制器或调试器读取。

8.2.3.1　预取指缓冲器

Flash 存储器控制器有一个预取指缓冲器，当 CPU 频率大于 50MHz 时它将自动启用。在此模式下，Flash 存储器以一半系统时钟的工作。每个时钟周期，预取指缓冲器获取两个 32 位字，这样在代码线性执行时允许取指不处于等待状态。取指缓冲器包含一个分支推断机制，它可以辨认出分支从而避免因读取下一对字而增加的额外等待状态。并且，短循环分支经常保持在缓冲器中。因此，一些分支可以没有等待状态而执行。其他分支会引起一个单独的等待状态。

8.2.3.2　Flash 存储器保护

在 4 对 32 位寄存器中，以 2kB Flash 块为基础，用户有两种形式的 Flash 保护。由

FMPPEn 和 FMPREn 寄存器的各个位来控制每种形式的保护策略（每个块一个策略）。

（1）Flash 存储器保护编程使能（FMPPEn）。如果某个位被置位，那么对应的块可以被编程（烧写）或擦除。如果被清零，对应的块不能更改。

（2）Flash 存储器保护读使能（FMPREn）。如果某个位被置位，那么对应的块可以被软件或调试器执行或读取。如果被清零，对应的块只能被执行，块的内容禁止被作为数据读取。

这些策略进行组合，如表 8-1 所示。

表 8-1　Flash 存储器保护策略组合

FMPPEn	FMPREn	Protection
0	0	只执行保护。块只能被执行不能被写或擦除。该模式用于保护代码
1	0	块可以被写、擦除或执行，但不能读。这个组合不可能被使用
0	1	只读保护。块可以被读取或执行，但是不能被写或擦除。该模式用来锁定块不被进一步修改，但允许读和执行访问
1	1	没有保护。块可以被写、擦除、执行或读

对 Flash 存储器的读保护块（FMPREn 位被置位）尝试读访问是被禁止的，会产生一次总线故障。对 Flash 存储器的编程保护块（FMPPEn 位被置位）尝试编程或擦除访问是被禁止的。可以选择产生一个中断［通过置位 Flash 控制器中断屏蔽寄存器（FCIM）的 AMASK 位］提醒软件开发者在开发和调试阶段的错误软件操作。

对于所有使用的存储区，FMPREn 和 FMPPEn 寄存器的出厂设置值为 1。这种设置实现了一种开放式的访问和可编程性的策略。寄存器的位可通过清零特定寄存器的位来改变。这种改变不是永久的，直到寄存器被提交（保存），此时位的改变是永久性的。如果一个位从 1 变为 0 且没有提交，那么它可以通过执行一段上电复位序列来恢复。这些更改使用 Flash 控制寄存器（FMC）来提交。

8.2.3.3　中断

Flash 控制器在检测到下列状态时会产生中断。

（1）编程中断。当 1 个编程或擦除动作完成时发出信号。

（2）访问中断。当对受相应 FMPPEn 位保护的 2kB 块存储器尝试编程或擦除操作时发出信号。

能够触发控制器级中断的事件在 Flash 控制器可屏蔽中断状态寄存器（FCMIS），置位相应的位可以使能该中断。如果不使用中断，原始的中断状态总是在 Flash 控制器原始中断状态寄存器（FCRIS）中可见。

对 Flash 控制器可屏蔽中断的状态和清除寄存器（FCMISC）的位写 1 可以清除相应的中断（对于 FCMIS 寄存器和 FCRIS 寄存器）。

8.3 Flash 存储器初始化和配置

8.3.1 Flash 存储器编程

Stellaris®设备为 Flash 存储器编程提供了一个友好的用户接口。所有的擦除/编程操作都通过 3 个寄存器处理：Flash 存储器地址（FMA）、Flash 存储器数据（FMD）和 Flash 存储器控制（FMC）。

注意：如果微控制器的调试功能没有激活而处在"锁死"状态，必须执行一段恢复序列来再激活调试模块。

在 Flash 存储器操作（写、页擦除或整体擦除）过程中，对它进行访问是禁止的。所以指令和按字取指都将延迟到 Flash 存储器操作完成。如果在 Flash 存储器操作过程中需要执行指令，那么代码必须放置在 SRAM 上并在 SRAM 上执行。

注意：Flash 存储器被分隔为每块 4kB 的电气分离扇区，以 4kB 的范围对齐。在扇区内的 1kB 页上执行擦除/编程操作会对其他 3 个 1kB 的页有电气影响。一个特定 1kB 页的擦除必须在对它所在的 4kB 扇区的其他页执行 6 个完整的擦除/编程周期后进行。下面对 Flash 存储器 4kB 扇区（第 0..3 页）的操作序列提供一个示例。

● 第 3 页被擦除和编程数值。

● 第 0 页、第 1 页和第 2 页都被擦除，然后编程数据。此时第 3 页已经被 3 个擦除/编程周期影响。

● 第 0 页、第 1 页和第 2 页又被擦除，然后编程数据，此时第 3 页已经被 6 个擦除/编程周期影响。

● 如果第 3 页的内容必须持续有效，第 3 页必须在该扇区的任意其他页进行另外的擦除或编程操作前被擦除并重新编程。

8.3.1.1 编程 1 个 32 位字

（1）将源数据写入 FMD 寄存器。

（2）将目标地址写入 FMA 寄存器。

（3）将 Flash 写密钥写入 FMC 寄存器，并置位 WRITE 位（写入 0xA442.0001）。

（4）查询 FMC 寄存器，直到 WRITE 位被清零。

注意：为确保正确的操作，对同一个字的两次写入必须插入一次清除。下面的两个序列是允许的：

● 擦除→编程数值→编程 0x0000.0000

● 擦除→编程数值→擦除

下面的序列是不允许的：擦除→编程数值→编程数值

8.3.1.2 执行一个 1kB 页的擦除

（1）将页地址写入 FMA 寄存器。

（2）将 Flash 写密钥写入 FMC 寄存器，并置位 ERASE 位（写入 0xA442.0002）。

（3）查询 FMC 寄存器，直到 ERASE 位被清零。

8.3.1.3 执行一次 Flash 存储器的整体擦除

（1）将 Flash 写密钥写入 FMC 寄存器，并置位 MERASE 位（写入 0xA442.0004）。

（2）查询 FMC 寄存器，直到 MERASE 位被清零。

8.3.2 32 字 Flash 存储器写缓冲器

通过在一个单独被缓存的 Flash 存储器写操作中同时编程 32 个字，32 字的写缓冲器提供了对 Flash 存储器执行更快的写访问的能力。被缓存的 Flash 存储器写操作与一个由 FMC 寄存器第 0 位控制的单独的字写入操作花费相同的时间。被缓存的数据写入 Flash 写缓冲器寄存器（FWBn）。

该寄存器是由 32 个字在 Flash 存储器对齐组成的，所以 FWB0 在 FMA 对应的地址，其［6：0］位都是 0。FWB1 对应的地址在 FMA+0x4，以此类推。FWBn 寄存器只有经过之前被缓存的 Flash 存储器写操作后被更新才能被写入 Flash 存储器。Flahs 写缓冲器有效寄存器（FWBVAL）显示了从上次被缓存的 Flash 存储器写操作之后，哪个寄存器已经被更新。该寄存器包含的位对应 32 个 FWBn 寄存器，第［n］位对应 FWBn。如果 FWBVAL 寄存器的位被置位，那么相应的 FWBn 寄存器已经被更新了。

用一次单独被缓冲的 Flash 存储器写操作来编程 32 个字。

（1）将源数据写入 FWBn 寄存器。

（2）将目标地址写入 FMA 寄存器。该地址必须是一个 32 字对齐的地址（即 FMA 的［6：0］必须是 0）。

（3）将 Flash 写密钥写入 FMC2 寄存器，并置位 WRBUF 位（写入 0xA442.0001）。

（4）查询 FMC2 寄存器，直到 WRBUF 位被清零。

8.3.3 非易失性寄存器编程

本节讨论如何更新 Flash 存储器自身中的寄存器。这些寄存器驻留在与主 Flash 存储器阵列分离的空间，并且不受擦除或整体擦除的影响。写操作可以将这些寄存器中的位由 1 变为 0。除了上电复位会把寄存器的内容复位为 0xFFFF.FFFF 外，其他的复位都不会影响寄存器。在上电序列后，可以使用 FMC 寄存器的 COMT 位来提交确认寄存器的值，然后寄存器的值变为非易失性保持下去。一旦寄存器的内容被更改，唯一能恢复出厂默认值的办法就是执行"恢复一个'锁死'的微控制器"的序列。

除了启动配置寄存器（BOOTCFG）外，对其他寄存器的设置在提交 Flash 存储器前可以被测试。对于 BOOTCFG 寄存器，在它提交前先将要写入的数据载入 FMD 寄存器。在 BOOTCFG 寄存器提交到非易失性存储器之前，FMD 寄存器是只读的，并且不允许尝试 BOOTCFG 操作。

注意： 表8-2中，Flash存储器驻留寄存器只能被用户程序由1改为0，并且只能更改1次。更改后，唯一能恢复出厂默认值的办法就是执行"恢复一个'锁死'的微控制器"的序列。由该序列引起的对主Flash存储器阵列执行整体擦除优先于恢复这些寄存器。

另外，USER_REG0、USER_REG1、USER_REG2、USER_REG3和BOOTCFG寄存器都用第31位（NW）来指示它们没有被提交，并且寄存器的位只能由1改为0。表8-2提供了每个要提交的寄存器的FMA地址，也提供了当FMC寄存器写入值0xA442.0088时寄存器要被写入的源数据。在写COMT位之后，用户可以查询FMC寄存器，等待提交操作完成。

表 8-2　用户可编程的 Flash 存储器驻留寄存器

被提交的寄存器	FMA 值	数据源
FMPRE0	0x0000. 0000	FMPRE0
FMPRE1	0x0000. 0002	FMPRE1
FMPRE2	0x0000. 0004	FMPRE2
FMPRE3	0x0000. 0006	FMPRE3
FMPPE0	0x0000. 0001	FMPPE0
FMPPE1	0x0000. 0003	FMPPE1
FMPPE2	0x0000. 0005	FMPPE2
FMPPE3	0x0000. 0007	FMPPE3
USER_REG0	0x8000. 0000	USER_REG0
USER_REG1	0x8000. 0001	USER_REG1
USER_REG2	0x8000. 0002	USER_REG2
USER_REG3	0x8000. 0003	USER_REG3
BOOTCFG	0x7510. 0000	FMD

9 ARM Cortex-M3 通用输入/输出端口（GPIOs）

通用输入/输入端口（General-Purpose Input/Outputs，简称为 GPIOs）模块由 9 个物理 GPIO 模块组成，每一个物理 GPIO 模块对应一个端口（PortA、PortB、PortC、PortD、PortE、PortF、PortG、PortH、PortJ）。GPIO 模块支持高达 65 个可编程的输入/输出引脚，具体取决于正在使用的外设。

GPIO 模块具有如下特性。

（1）高达 65 个的输入/输出引脚，具体取决外设的配置。

（2）高度灵活的复用引脚，可以用作 GPIO 或是一种或多种的外设功能。

（3）配置为输入模式可承受 5V 电压。

（4）两种方式访问 GPIO 端口。

（5）可编程控制的 GPIO 中断。

    — 产生中断屏蔽

    — 上升沿、下降沿或是双边沿（上升沿和下降沿）触发

    — 高电平或低电平触发

（6）读写操作时刻可过地址线进行位屏蔽的操作。

（7）可用于启动一个 ADC 采样序列。

（8）配置为数字输入的引脚均为施密特触发。

（9）可编程控制的 GPIO 引脚配置。

    — 弱上拉或下拉电阻

    — 数字通信时可配置为 2mA、4mA 或 8mA 驱动电流，对于需要大电流的应用最多可以有四个引脚可以配置为 18mA

    — 8mA 驱动的斜率控制

    — 开漏使能

    — 数字输入使能

9.1 引脚描述

GPIO 引脚有一些备用的硬件功能，表 9-1 和表 9-2 列出了所有的引脚和它们的数字或模拟的备用功能。标为 AINx 和 VREFA 的引脚不能直接承受 5V 的电压，必须通过

隔电路才能和内部电路相连。这些引脚的配置方式为：将寄存器 GPIO Digital Enable （GPIODEN）里面相应的 DEN 位清零，并将寄存器 GPIO Ana*log* Mode Select （GPIOAM-SEL）里面相应的 AMSEL 位置位。其他的模拟引脚可以承受 5V 的宽电压，直接连接到了内部电路，这些引脚包括（C0−、C0+、C1−、C1+、C2−、C2+、USB0VBUS、USB0ID）。这些引脚的配置方式为：清除寄存器 GPIO Digital Enable （GPIODEN）里面相应的 DEN 位。要使能备用的硬件功能可以将 GPIO Alternate Function Select （GPIOAFSEL）和 GPIODEN 寄存器里适当的位置位，并且配置 GPIO Port Control （GPIOPCTL）寄存器里面的 PMCx 位域编码。浅灰色的表格是对应的引脚的默认的功能。

> **注意**：所有的引脚默认配置为 GPIO，并且是三态的，即 GPIOAFSEL＝0，GPI-ODEN＝0，GPIOPDR＝0，GPIOPUR＝0，GPIOPCTL＝0。但是表 9−1 中的几个引脚除外，他们默认的状态如表 9−1 所示，上电复位或是外部复位可以使它们回到默认状态。

表 9−1　复位值非零的 GPIO 引脚

引脚	默认值	GPIOAFSEL	GPIODEN	GPIOPDR	GPIOPUR	GPIOPCTL
PA [1..0]	UART0	1	1	0	0	0x1
PA [5..2]	SSI0	1	1	0	0	0x1
PB [3..2]	I2C0	1	1	0	0	0x1
PC [3..0]	JTAG/SWD	1	1	0	1	0x3

9.2　功能描述

每一个 GPIO 端口都是同一个物理模块（图 9−1，图 9−2）中的独立硬件的实例化。LM3S9B96 包括 9 个端口，也就是有 9 个这样的物理 GPIO 模块。请注意，并不是所有的引脚都分布在了每一个块上，对于片内外设模块来说一些 GPIO 引脚可作为 I/O 功能，也可以作为备用硬件功能。

9.2.1　数据控制

数据控制寄存器运行软件配置 GPIO 的操作模式，通过设置数据方向寄存器将 GPIO 配置为输入或输出模式来捕获输入的数据或者驱动数据从引脚输出。

> **注意**：软件可能会阻止调试器连接到 Stellaris® 微控制器。如果程序加载到 Flash 上，在没有将 JTAG 引脚功能打开时就立即将 JTAG 引脚改变为了 GPIO 功能，调试器可能没有足够的时间连接并停止控制器。结果导致调试器被锁在片外不能使用。在写程序时，加入一个外部或者是软件的触发来重新恢复 JTAG 功能就可以避免这个问题。

表 9-2　GPIO 引脚和备用功能

引脚	序号	模拟功能	1	2	3	4	5	6	7	8	9	10	11
						数字功能（GPIOPCTL PMCx 位域编码）[a]							
PA0	26	—	U0Rx	—	—	—	—	—	—	I2C1SCL	U1Rx	—	—
PA1	27	—	U0Tx	—	—	—	—	—	—	I2C1SDA	U1Tx	—	—
PA2	28	—	SSI0CLK	—	—	PWM4	—	—	—	—	I2S0RXSD	—	—
PA3	29	—	SSI0Fss	—	—	PWM5	—	—	—	—	I2S0RXMCLK	—	—
PA4	30	—	SSI0Rx	—	—	PWM6	CAN0Rx	—	—	—	I2S0TXSCK	—	—
PA5	31	—	SSI0Tx	—	—	PWM7	CAN0Tx	—	—	—	I2S0TXWS	—	—
PA6	34	—	I2C1SCL	CCP1	—	PWM0	PWM4	CAN0Rx	—	USB0EPEN	U1CTS	—	—
PA7	35	—	I2C1SDA	CCP4	—	PWM1	PWM5	CAN0Tx	CCP3	USB0PFLT	U1DCD	—	—
PB0	66	USB0ID	CCP0	PWM2	—	—	U1Rx	—	—	—	—	—	—
PB1	67	USB0VBUS	CCP2	PWM3	—	—	U1Tx	—	—	—	—	—	—
PB2	72	—	I2C0SCL	IDX0	CCP0	CCP3	CCP0	IDX0	—	USB0EPEN	—	—	—
PB3	65	—	I2C0SDA	Fault0	C0o	Fault3	—	—	—	USB0PFLT	—	—	—
PB4	92	AIN10 C0-	—	CCP5	—	U2Rx	CAN0Rx	IDX0	U1Rx	EPI0S23	—	—	—
PB5	91	AIN11 C1-	C0o	CCP5	CCP6	CCP0	CAN0Tx	CCP2	U1Tx	EPI0S22	—	—	—
PB6	90	VREFA C0+	CCP1	CCP7	C0o	Fault1	IDX0	CCP5	—	—	I2S0TXSCK	—	—
PB7	89	—	—	—	—	NMI	—	—	—	—	—	—	—
PC0	80	—	—	—	TCK SWCLK	—	—	—	—	—	—	—	—
PC1	79	—	—	—	TMS SWDIO	—	—	—	—	—	—	—	—
PC2	78	—	—	—	TDI	—	—	—	—	—	—	—	—

(续表)

引脚	序号	模拟功能	数字功能 (GPIOPCTL PMCx 位域编码)[a]										
			1	2	3	4	5	6	7	8	9	10	11
PC3	77	—	—	—	TDO SWO	—	—	—	—	—	—	—	—
PC4	25	—	CCP5	PhA0	—	PWM6	CCP2	CCP4	—	EPI0S2	CCP1	—	—
PC5	24	C1 +	CCP1	C1o	C0o	Fault2	CCP3	USB0EPEN	—	EPI0S3	—	—	—
PC6	23	C2 +	CCP3	PhB0	C2o	PWM7	U1Rx	CCP0	USB0PFLT	EPI0S4	—	—	—
PC7	22	C2 −	CCP4	PhB0	—	CCP0	U1Tx	USB0PFLT	C1o	EPI0S5	—	—	—
PD0	10	AIN15	PWM0	CAN0Rx	IDX0	U2Rx	U1Rx	CCP6	—	I2S0RXSCK	U1CTS	—	—
PD1	11	AIN14	PWM1	CAN0Tx	PhA0	U2Tx	U1Tx	CCP7	—	I2S0RXWS	U1DCD	CCP2	PhB1
PD2	12	AIN13	U1Rx	CCP6	PWM2	CCP5	—	—	—	EPI0S20	—	—	—
PD3	13	AIN12	U1Tx	CCP7	PWM3	CCP0	—	—	—	EPI0S21	—	—	—
PD4	97	AIN7	CCP0	CCP3	—	—	—	—	—	I2S0RXSD	U1RI	EPI0S19	—
PD5	98	AIN6	CCP2	CCP4	—	—	—	—	—	I2S0RXMCLK	U2Rx	EPI0S28	—
PD6	99	AIN5	Fault0	—	—	—	—	—	—	I2S0TXSCK	U2Tx	EPI0S29	—
PD7	100	AIN4	IDX0	C0o	CCP1	—	—	—	—	I2S0TXWS	U1DTR	EPI0S30	—
PE0	74	—	PWM4	SSI1Clk	CCP3	—	—	—	—	EPI0S8	USB0PFLT	—	—
PE1	75	—	PWM5	SSI1Fss	Fault0	CCP2	CCP6	—	—	EPI0S9	—	—	—
PE2	95	AIN9	CCP4	SSI1Rx	PhB1	PhA0	CCP2	—	—	EPI0S24	—	—	—
PE3	96	AIN8	CCP1	SSI1Tx	PhA1	PhB0	CCP7	—	—	EPI0S25	—	—	—
PE4	6	AIN3	CCP3	—	—	Fault0	U2Tx	CCP2	—	—	I2S0TXWS	—	—
PE5	5	AIN2	CCP5	—	—	—	—	—	—	—	I2S0TXSD	—	—

（续表）

引脚	序号	模拟功能	\multicolumn{11}{c}{数字功能（GPIOPCTL PMCx 位域编码）[a]}										
			1	2	3	4	5	6	7	8	9	10	11
PE6	2	AIN1	PWM4	C1o	—	—	—	—	—	—	U1CTS	—	—
PE7	1	AIN0	PWM5	C2o	—	—	—	—	—	—	U1DCD	—	—
PF0	47	—	CAN1Rx	PhB0	PWM0	—	—	—	—	I2S0TXSD	U1DSR	—	—
PF1	61	—	CAN1Tx	IDX1	PWM1	—	—	—	—	I2S0TXMCLK	U1RTS	CCP3	—
PF2	60	—	LED1	PWM4	—	PWM2	—	—	—	—	SSI1Clk	—	—
PF3	59	—	LED0	PWM5	—	PWM3	—	—	—	—	SSI1Fss	—	—
PF4	42	—	CCP0	C0o	—	Fault0	—	—	—	EPI0S12	SSI1Rx	—	—
PF5	41	—	CCP2	C1o	—	—	—	—	—	EPI0S15	SSI1Tx	—	—
PG0	19	—	U2Rx	PWM0	I2C1SCL	PWM4	—	—	USB0EPEN	EPI0S13	—	—	—
PG1	18	—	U2Tx	PWM1	I2C1SDA	PWM5	—	—	—	EPI0S14	—	—	—
PG7	36	—	PhB1	—	—	PWM7	—	—	—	CCP5	EPI0S31	—	—
PH0	86	—	CCP6	PWM2	—	—	—	—	—	EPI0S6	PWM4	—	—
PH1	85	—	CCP7	PWM3	—	—	—	—	—	EPI0S7	PWM5	—	—
PH2	84	—	IDX1	C1o	—	Fault3	—	—	—	EPI0S1	—	—	—
PH3	83	—	PhB0	Fault0	—	USB0EPEN	—	—	—	EPI0S0	—	—	—
PH4	76	—	—	—	—	USB0PFLT	—	—	—	EPI0S10	—	—	SSI1Clk
PH5	63	—	—	—	—	—	—	—	—	EPI0S11	—	Fault2	SSI1Fss
PH6	62	—	—	—	—	—	—	—	—	EPI0S26	—	PWM4	SSI1Rx
PH7	15	—	—	—	—	—	—	—	—	EPI0S27	—	PWM5	SSI1Tx

（续表）

引脚	序号	模拟功能	数字功能（GPIOPCTL PMCx 位域编码）[a]										
			1	2	3	4	5	6	7	8	9	10	11
PJ0	14	—	—	—	—	—	—	—	—	EPI0S16	—	PWM0	I2C 1SCL
PJ1	87	—	—	—	—	—	—	—	—	EPI0S17	USB0PFLT	PWM1	I2C 1SDA
PJ2	39	—	—	—	—	—	—	—	—	EPI0S18	CCP0	Fault0	—
PJ3	50	—	—	—	—	—	—	—	—	EPI0S19	U1CTS	CCP6	—
PJ4	52	—	—	—	—	—	—	—	—	EPI0S28	U1DCD	CCP4	—
PJ5	53	—	—	—	—	—	—	—	—	EPI0S29	U1DSR	CCP2	—
PJ6	54	—	—	—	—	—	—	—	—	EPI0S30	U1RTS	CCP1	—
PJ7	55	—	—	—	—	—	—	—	—	—	U1DTR	CCP0	—

a：数字功能里面标记为浅灰色的是上电后默认的值

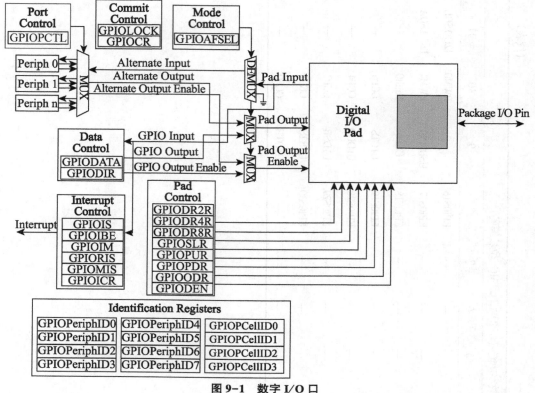

图 9-1　数字 I/O 口

9.2.1.1　数据方向操作

数据方向寄存器用来配置每一个引脚的方向为输入还是输出。当数据方向寄存器里的位被清零时被配置为输入，相应的数据寄存器位便可以捕获并储存 GPIO 端口的值。当数据方向寄存器里的位被置位时被配置为输出，数据寄存器里相应的位便可以驱动 GPIO 端口。

9.2.1.2　数据寄存器的操作

为了提高软件的效率，通过将地址总线的 [9..2] 位用作屏蔽位来修改数据寄存器（GPIODATA）里单独的位。通过这种方式软件驱动程序就可以以一条指令修改任何一个 GPIO 管脚，而不影响其他管脚的状态。这种方式与通过"读-修改-写"来操作 GPIO 管脚的典型做法不同。为了提供这种特性，GPIODATA 寄存器包含了存储器映射中的 256 个单元。在写操作过程中，如果与数据位相关联的地址位被置位，那么 GPIO-DATA 寄存器相应的位的值将发生变化，如果被清零则该寄存器里的值将保持不变。例如，将 0xEB 写入地址 GPIODATA+0x98 处，结果如图 9-3 所示。其中，标示为 u 的位表示写操作过程中没有被改变的位。

在读操作过程中，如果与数据位相关联的地址位被置位，那么就可以读取到数据寄存器里的值。如果与数据位相关联的地址位被清零，那么不管数据寄存器里实际值是什么都读作 0。例如，读取 GPIODATA+0x4C 处的值，结果如图 9-4 所示。

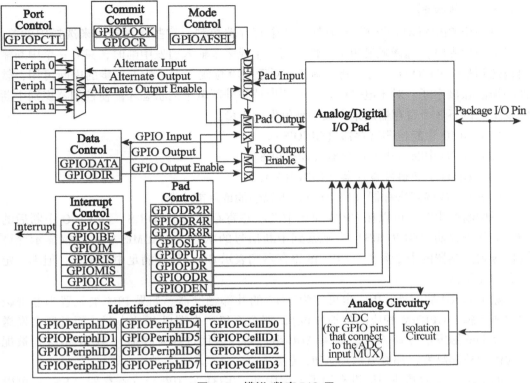

图 9-2　模拟/数字 I/O 口

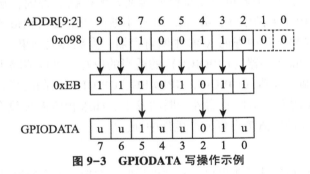

图 9-3　GPIODATA 写操作示例

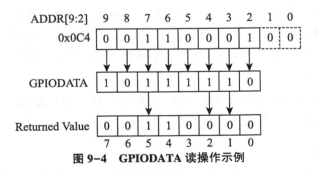

图 9-4　GPIODATA 读操作示例

9.2.2　中断控制

每一个 GPIO 端口的中断能力都由 7 个寄存器控制，这些寄存器用来选择中断源，设置中断优先级，选择触发边沿属性。当一个或多个输入引发中断时，只有一个中断输出被送到整个 GPIO 端口的中断控制器。对于边沿触发，为了让进一步的中断可用，软件必须清除该中断。对于电平触发，必须保持住外部电平的状态才能使控制器识别中断的发生。以下 3 个寄存器用来定义中断触发的类型。

（1）GPIO 中断检测寄存器（GPIOIS）。

（2）GPIO 中断双边沿寄存器（GPIOIBE）。

（3）GPIO 中断事件寄存器（GPIOIEV）。

通过 GPIO 屏蔽寄存器（GPIOIM）可以使能或除能中断。

当中断产生时，可以在 GPIO 原始中断状态寄存器（GPIORIS）和 GPIO 中断后的中断屏蔽寄存器（GPIOMIS）中观察到中断信号的状态，GPIOMIS 寄存器仅显示允许被传送到控制器的中断条件。GPIOIS 寄存器则表示 GPIO 管脚满足中断条件，但不一定发送到控制器。

除了 GPIO 功能外，PB4 也可作为 ADC 的外部触发器。如果 PB4 被配置为非屏蔽的中断管脚（GPIOIM 相应的位被置位），那么不仅产生端口 B 的中断，而且还会发送一个外部的触发信号到 ADC。如果 ADC 事件多路复用选择寄存器（ADCEMUX）被配置为使用外部触发，那么就启动 ADC 转换。

如果端口 B 的其他引脚没有用了产生中断，0~31 号中断允许寄存器（EN0）可以禁止端口 B 的中断，ADC 中断可以用来读回转换好的数据。否则，端口 B 的中断处理器需要忽略并清除 PB4 上的中断，并等待 ADC 中断的产生或在 EN0 寄存器中禁止 ADC 中断，然后在 PB 终端服务中查询 ADC 中断寄存器一直到转换结束。

在 GPIO 中断清除寄存器（GPIOICR）的适当的位写 1 可以清除中断。

在设置中断控制寄存器（GPIOIS、GPIOIBE、GPIOIEV）的时候，应该保持中断的屏蔽状态（GPIOIM 清零）以防止意外中断的发生。如果相应的位没有屏蔽，那么向中断控制寄存器中写入任何值都有可能产生伪中断。

9.2.3　模式控制

GPIO 引脚既可以被软件控制也可以被硬件控制。大部分的引脚默认是软件控制状态，此时的 GPIODATA 寄存器用来读写相应的引脚。通过备用功能选择寄存器（GPIOAFSEL）来使能引脚的硬件控制，此时引脚状态由它的备用功能（即外设）控制。

一些具有多路功能复用的引脚，选择哪个功能由 GPIO 端口控制寄存器（GPIOPCTL）来选择。

注意：如果任何一个引脚被用作 ADC 的输入，则 GPIOAMSEL 寄存器里相应的位必须置位，以禁止模拟隔离电流。

9.2.4　确认控制

确认控制寄存器一个保护层以防止对重要硬件外设的意外改变。保护层目前对 NMI

引脚（PB7）四个 JATA/SWD 引脚（PC［3..0］）提供保护。写 GPIO 备用功能选择寄存器（GPIOAFSEL），上拉电阻使能寄存器（GPIOPUR），下拉电阻使能寄存器（GPIOPDR），数字功能使能寄存器（GPIODEN）的保护位不确定会存储，除非 GPIO 锁定寄存器（GPIOLOCK）已解锁，并且 GPIO 确认寄存器（GPIOCR）被置位。

9.2.5　引脚（Pad）控制

引脚控制寄存器可以使软件根据应用需求来配置引脚，引脚控制寄存器包括 GPIO-DR2R、GPIODR4R、GPIODR8R、GPIOODR、GPIOPUR、GPIOPDR、GPIOSLR 和 GPI-ODEN。这些寄存器控制着引脚的驱动电流大小，开漏配置，上拉下拉电阻选择，斜率控制和数字输入使能。

对于一些特殊的，需要大电流的应用，GPIO 的输出缓冲器可能会用到下面这些限制。将 GPIO 引脚配置为 8mA 的输出驱动，一共有 4 个，每个可承受 18mA 的灌电流。在承载 18mA 灌电流的时候，VOL 被指定为 1.2V。在选择高电流引脚时要注意，在元件的物理封装引脚每面最多有两个引脚使用高电流，如果是 BGA 封装，则总共不能超过四个高电流引脚。

9.2.6　标识

复位时配置的标识寄存器允许软件将模块当作 GPIO 块进行检测和识别。标识寄存器包括 GPIOPeriphID0-GPIOPeriphID7 寄存器以及 GPIOPCellID0-GPIOPCellID3 寄存器。

9.3　初始化和配置

可以通过两种路径来访问 GPIO 模块，比较老的一种称为先进外设总线（APB），向后兼容以前的 Stellaris® 产品。另外一种是先进高端总线（AHB），它和 APB 一样拥有相同的寄存器映射，但是提供了比 APB 更好的访问性能。但是这两种访问方式只能选择一种使用。可以通过 GPIOHBCTL 寄存器来确定使用哪种方式访问 5F0F。要使用 GPIO 端口的引脚，必须通过给 RCGC2 寄存器相应的位置位来使能该端口的时钟信号。复位时，所有的 GPIO 引脚都被配置为非驱动状态（三态）：GPIOAFSEL=0，GPIODEN=0，GPIOPDR=0，GPIOPUR=0，表 9-1 所示的引脚除外。表 9-3 列出 GPIO 引脚所有可能的配置和实现这些配置控制寄存器的配置情况。表 9-4 列出了如何为 GPIO 端口的第 2 引脚配置为上升沿驱动。

表 9-3　GPIO 端口配置示例

配置	GPIO 寄存器的位值[a]									
	AFSEL	DIR	ODR	DEN	PUR	PDR	DR2R	DR4R	DR8R	SLR
数字输入（GPIO）	0	0	0	1	?	?	X	X	X	X
数字输出（GPIO）	0	1	0	1	?	?	?	?	?	?
开漏输出（GPIO）	0	1	1	1	X	X	?	?	?	?
开漏输入/输出（I2C）	1	X	1	1	X	X	?	?	?	?
数字输入（Timer CCP）	1	X	0	1	?	?	X	X	X	X

(续表)

配置	GPIO 寄存器的位值[a]									
	AFSEL	DIR	ODR	DEN	PUR	PDR	DR2R	DR4R	DR8R	SLR
数字输入（QEI）	1	X	0	1	?	?	X	X	X	X
数字输出（PWM）	1	X	0	1	?	?	?	?	?	?
数字输出（Timer PWM）	1	X	0	1	?	?	?	?	?	?
数字输入输出（SSI）	1	X	0	1	?	?	?	?	?	?
数字输入输出（UART）	1	X	0	1	?	?	?	?	?	?
模拟输入（Comparator）	0	0	0	0	0	0	X	X	X	X
数字输出（Comparator）	1	X	0	1	?	?	?	?	?	?

a：表格中 X 代表忽略，是什么值都无所谓；? 代表是 0 或 1 由具体情况决定，取决于配置

表 9-4　GPIO 中断配置示例

寄存器	期望的中断触发事件	管脚 2 的值[a]							
		7	6	5	4	3	2	1	0
GPIOIS	0–边沿触发 1–电平触发	X	X	X	X	X	0	X	X
GPIOIBE	0–单边沿触发 1–双边沿触发	X	X	X	X	X	0	X	X
GPIOIEV	0–下降沿或低电平触发 1–上升沿或高电平触发	X	X	X	X	X	1	X	X
GPIOIM	0–屏蔽 1–非屏蔽	0	0	0	0	0	1	0	0

a：表格中 X 代表忽略，是什么值都无所谓

9.4　寄存器映射

表 9-5 列出了 GPIO 寄存器，每一个 GPIO 端口都可通过两种总线访问方式（APB、AHB）的一种访问。

注意：本章中 GPIO 模块的每个 GPIO 寄存器都是双重的。然而，8 位数据并不是同时连到 GPIO 引脚的，取决于配置。向未连接的位写数据没有任何效果，而读取未连接的位的数据没有任何意义。

表 9-5　**GPIO 寄存器映射**

偏移量	名称	类型	复位	描述
0x000	GPIODATA	R/W	0x0000.0000	GPIO 数据
0x400	GPIODIR	R/W	0x0000.0000	GPIO 方向
0x404	GPIOIS	R/W	0x0000.0000	GPIO 中断检测
0x408	GPIOIBE	R/W	0x0000.0000	GPIO 中断双边沿检测
0x40C	GPIOIEV	R/W	0x0000.0000	GPIO 中断事件
0x410	GPIOIM	R/W	0x0000.0000	GPIO 中断屏蔽
0x414	GPIORIS	RO	0x0000.0000	GPIO 原始中断状态
0x418	GPIOMIS	RO	0x0000.0000	GPIO 屏蔽后的中断状态
0x41C	GPIOICR	W1C	0x0000.0000	GPIO 中断清除
0x420	GPIOAFSEL	R/W	—	GPIO 备用功能选择
0x500	GPIODR2R	R/W	0x0000.00FF	GPIO 2mA 驱动选择
0x504	GPIODR4R	R/W	0x0000.0000	GPIO 4mA 驱动选择
0x508	GPIODR8R	R/W	0x0000.0000	GPIO 8mA 驱动选择
0x50C	GPIOODR	R/W	0x0000.0000	GPIO 开漏选择
0x510	GPIOPUR	R/W	—	GPIO 上拉选择
0x514	GPIOPDR	R/W	0x0000.0000	GPIO 下拉选择
0x518	GPIOSLR	R/W	0x0000.0000	GPIO 斜率控制选择
0x51C	GPIODEN	R/W	—	GPIO 数字使能
0x520	GPIOLOCK	R/W	0x0000.0001	GPIO 锁定
0x524	GPIOCR	—	—	GPIO 确认
0x528	GPIOAMSEL	R/W	0x0000.0000	GPIO 模拟模块选择
0x52C	GPIOPCTL	R/W	—	GPIO 端口控制
0xFD0	GPIOPeriphID4	RO	0x0000.0000	GPIO 外设标识 4
0xFD4	GPIOPeriphID5	RO	0x0000.0000	GPIO 外设标识 5
0xFD8	GPIOPeriphID6	RO	0x0000.0000	GPIO 外设标识 6
0xFDC	GPIOPeriphID7	RO	0x0000.0000	GPIO 外设标识 7
0xFE0	GPIOPeriphID0	RO	0x0000.0061	GPIO 外设标识 0
0XFE4	GPIOPeriphID1	RO	0x0000.0000	GPIO 外设标识 1
0xFE8	GPIOPeriphID2	RO	0x0000.0018	GPIO 外设标识 2
0xFEC	GPIOPeriphID3	RO	0x0000.0001	GPIO 外设标识 3
0XFF0	GPIOPCellID0	RO	0x0000.000D	GPIO PrimeCell 标识 0
0XFF4	GPIOPCellID1	RO	0x0000.00F0	GPIO PrimeCell 标识 1
0XFF8	GPIOPCellID2	RO	0x0000.0005	GPIO PrimeCell 标识 2
0xFFC	GPIOPCellID3	RO	0x0000.00B1	GPIO PrimeCell 标识 3

注：寄存器具体定义详见 LM3S9B96_ DATASHEET 文档

表9-5 所列的偏移量是十六进制的，并按照寄存器地址递增的顺序排列，与 GPIO 端口对应的地址如下。

●GPIO Port A（APB）：0x4000.4000

- GPIO Port A （AHB）：0x4005.8000
- GPIO Port B （APB）：0x4000.5000
- GPIO Port B （AHB）：0x4005.9000
- GPIO Port C （APB）：0x4000.6000
- GPIO Port C （AHB）：0x4005.A000
- GPIO Port D （APB）：0x4000.7000
- GPIO Port D （AHB）：0x4005.B000
- GPIO Port E （APB）：0x4002.4000
- GPIO Port E （AHB）：0x4005.C000
- GPIO Port F （APB）：0x4002.5000
- GPIO Port F （AHB）：0x4005.D000
- GPIO Port G （APB）：0x4002.6000
- GPIO Port G （AHB）：0x4005.E000
- GPIO Port H （APB）：0x4002.7000
- GPIO Port H （AHB）：0x4005.F000
- GPIO Port J （APB）：0x4003.D000
- GPIO Port J （AHB）：0x4006.0000

注意：每一个 GPIO 模块在操作之前必须先将其使能。除了几个特殊的外，所有的 GPIO 引脚都默认配置为 GPIOs，并且是三态的。即 GPIOAFSEL = 0，GPIODEN = 0，GPIOPUR = 0，GPIOPDR = 0，GPIOPCTL = 0。

几个特殊的引脚如表 9-6 所示，上电或外部复位可使其回到默认状态。

表 9-6　复位非零 GPIO 引脚

GPIO 引脚	默认状态	GPIOAFSEL	GPIODEN	GPIOPUR	GPIOPDR	GPIOPCTL
PA [1..0]	UART0	1	1	0	0	0x1
PA [5..2]	SSI0	1	1	0	0	0x1
PB [3..2]	I2C 0	1	1	0	0	0x1
PC [3..0]	JTAG/SWD	1	1	1	0	0x3

注意：GPIOCR 寄存器在默认的状态下是只读的，除了 nmI 引脚和 JTAG/SWD 引脚（PB7 和 PC [3..0]）外。这 5 个引脚是目前由 GPIOCR 保护的管脚，因此 Port B7 和 Port C [3..0] 是可读写的。

对于所有 GPIO 引脚 GPIOCR 寄存器复位后默认值为 0x0000.00FF，除了 NMI 和 JTAG/SWD 引脚之外。为了确保 JTAG 端口不会不小心编程为 GPIO 引脚，这四个引脚默认为锁定的，以防止犯错。为了确保 NMI 引脚不会意外的编程为非屏蔽的中断引脚，它默认也是锁定的，以防止犯错。因此，GPIOR Port B 的 GPIOCR 寄存器值为 0x0000007F。GPIO Port C 的 GPIOCR 寄存器默认为 0x000000F0。

10　ARM Cortex-M3 通用异步收发器（UART）

Stellaris® LM3S9B96 微控制器集成了 3 个通用异步收发器（Universal Asynchronous Receiver/Transmitter，简写为 UART）模块，UART 模块具有以下特性。

（1）可编程的波特率发生器，在常规模式（16 分频）下最高可达 5Mbps，在高速模式（8 分频）下最高可达 10Mbps。

（2）相互独立的 16×8 发送（TX）FIFO 和接收（RX）FIFO，可降低中断服务对 CPU 的占用。

（3）FIFO 触发深度有如下级别可选：1/8、1/4、1/2、3/4 或 7/8。

（4）标准的异步通信位：起始位、停止位、奇偶校验位。

（5）线终止的产生与检测。

（6）完全可编程的串行接口特性。

　　— 可包含 5 个、6 个、7 个或 8 个数据位

　　— 可产生/检测奇偶校验位，支持偶校验位、奇校验位、粘着校验位或无校验位

　　— 可产生 1 个或 2 个停止位

（7）IrDA 串行红外（SIR）编解码器。

　　— 可选择采用 IrDA 串行红外（SIR）输入输出或普通 UART 输入输出

　　— 支持 IrDA SAR 编解码功能，半双工时数据传输率最高 115.2kbps

　　— 支持标准的 3/16 位时间以及低功耗位时间（1.41~2.23μs）

　　— 可编程的内部时钟发生器，可对参考时钟源进行 1~256 分频以提供低功耗位时间

（8）支持与 ISO 7816 智能卡的通信。

（9）完善支持调制解调器握手信号（仅 UART1 模块）。

（10）支持 LIN 协议。

（11）提供标准的基于 FIFO 深度的中断以及发送结束中断。

（12）结合微型直接存储器访问（Micro Direct Memory Access，简写为 μDMA）控制器使用，可实现高效的数据传输。

　　— 相互独立的发送通道和接收通道

　　— 当接收 FIFO 中有数据时产生单次请求；当接收 FIFO 到达预设的触发深

度时产生触发请求

—— 当发送 FIFO 中有空闲单元时产生单次请求；当发送 FIFO 到达预设的触发深度时产生触发请求

10.1 UART 模块框

UART 模块框图如图 10-1 所示。

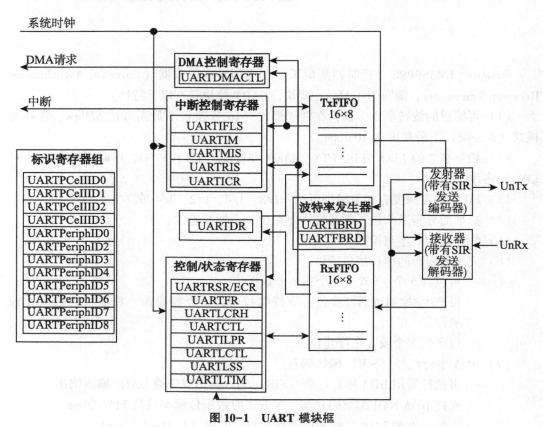

图 10-1 UART 模块框

10.2 信号描述

表 10-1 列出了与 UART 模块相关的所有外部信号并逐一描述其功能。UART 信号通常是 GPIO 信号的备选功能，因此这些管脚在复位时默认设置为 GPIO 信号；只有 U0Rx 和 U0Tx 这 2 个管脚默认即为 UART 功能。表中"复用管脚/赋值"一列是各 UART 信号所对应的 GPIO 管脚。当需要使用 UART 功能时，应将相关 GPIO 备选功能选择寄存器（GPIOAFSEL）中的 AFSEL 位置位，表示启用 GPIO 的备选功能；同时还应将括号内的数字写入 GPIO 端口控制寄存器（GPIOCTRL）的 PMCn 位域，表示将 UART 信号赋给指定的 GPIO 管脚。

表 10-1　UART 信号（LQFP100 封装）

管脚名称	管脚序号	复用管脚/赋值	管脚类型	缓冲类型[a]	功能描述
U0Rx	26	PA0（1）	I	TTL	UART 0 模块接收信号。在 IrDA 模式下，此信号将进行 IrDA 调制
U0Tx	27	PA1（1）	O	TTL	UART 0 模块发送信号。在 IrDA 模式下，此信号将进行 IrDA 调制
U1CTS	2 10 34 50	PE6（9） PD0（9） PA6（9） PJ3（9）	I	TTL	UART 1 模块 CTS（Clear to Send，允许发送）调制解调器输入状态线
U1DCD	1 11 35 52	PE7（9） PD1（9） PA7（9） PJ4（9）	I	TTL	UART 1 模块 DCD（Data Carrier Detect，数据载波检测）调制解调器输入状态线
U1DSR	47 53	PF0（9） PJ5（9）	I	TTL	UART 1 模块 DSR（Data Set Ready，数据设备就绪）调制解调器输出控制线
U1DTR	55 100	PJ7（9） PD7（9）	O	TTL	UART 1 模块 DTR（Data Terminal Ready，数据终端就绪）调制解调器输入状态线
U1RI	97	PD4（9）	I	TTL	UART 1 模块 RI（Ring Indicator，振铃指示）调制解调器输入状态线
U1RTS	54 61	PJ6（9） PF1（9）	O	TTL	UART 1 模块 RTS（Request to Send，请求发送）调制解调器输出控制线
U1Rx	10 12 23 26 66 92	PD0（5） PD2（1） PC6（5） PA0（9） PB0（5） PB4（7）	I	TTL	UART 1 模块接收信号。在 IrDA 模式下，此信号将进行 IrDA 调制
U1Tx	11 13 22 27 67 91	PD1（5） PD3（1） PC7（5） PA1（9） PB1（5） PB5（7）	O	TTL	UART 1 模块发送信号。在 IrDA 模式下，此信号将进行 IrDA 调制
U2Rx	10 19 92 98	PD0（4） PG0（1） PB4（4） PD5（9）	I	TTL	UART 2 模块接收信号。在 IrDA 模式下，此信号将进行 IrDA 调制

（续表）

管脚名称	管脚序号	复用管脚/赋值	管脚类型	缓冲类型[a]	功能描述
U2Tx	6 11 18 99	PE4 (5) PD1 (4) PG1 (1) PD6 (9)	O	TTL	UART 2 模块发送信号。在 IrDA 模式下，此信号将进行 IrDA 调制

a："TTL" 表示该管脚兼容 TTL 电平标准

10.3 功能描述

Stellaris® UART 模块的主要工作是执行并-串转换以及串-并转换功能，其功能与常见的 16C550 UART 芯片十分相似，但寄存器并不兼容。

通过 UART 控制寄存器（UARTCTL）的 TXE 位及 RXE 位配置 UART 模块的发送及/或接收。复位后，发送和接收默认都是使能的。在编辑任一控制寄存器之前，必须先将 UARTCTL 寄存器的 UARTEN 位清零以禁用 UART。假如在 UART 发送或接收期间进行此操作，则 UART 模块会在当前进行的数据会话结束后才停止运行。

UART 模块还包含串行红外（SIR）编解码模块，可直接连接红外收发器实现 IrDA SIR 物理层。SIR 功能通过 UARTCTL 寄存器进行设置。

10.3.1 发送/接收逻辑

发送逻辑单元从发送 FIFO 取出数据后执行并-串转换。控制逻辑输出串行位码流时，最先输出起始位，之后按照控制寄存器的配置依次输出若干数据位（低位在前）、奇偶校验位、停止位，详见图 10-2。

接收逻辑单元在检测到有效的起始脉冲后，对接收到的串行位码流执行串-并转换。在接收过程中还要进行溢出错误检测、奇偶校验、帧错误检测、线中止检测，并将这些状态随数据一同写入接收 FIFO 中。

图 10-2 UART 字符帧

10.3.2 波特率的产生

波特率分频系数是由 16 位整数部分和 6 位小数部分组成的 22 位二进制数。整数部分和小数部分共同确定分频系数，并由此决定位时间。分频系数支持小数部分使得 UART 模块可以十分方便地产生各种标准波特率。

16 位整数部分在 UART 波特率分频系数整数寄存器（UARTIBRD）中定义，6 位小数部分在 UART 波特率分频系数小数寄存器（UARTFBRD）中定义。波特率分频系数

（Baud Rate Divisor，简写为 BRD）与系统时钟的关系如下式所示（BRDI 表示 BRD 的整数部分，BRDF 表示 BRD 的小数部分，以小数点分隔）。

BRD = BRDI + BRDF = UARTSysClk/（ClkDiv ×波特率）

式中 UARTSysClk 是连接到 UART 模块的系统时钟频率，ClkDiv 是一个常数，取值为 16（UARTCTL 寄存器的 HSE = 0）或 8（HSE = 1）。

6 位小数部分（即写入 UARTFBRD 寄存器 DIVFRAC 位域的数值）的计算方法是将实际波特率分频系数的小数部分乘以 64，之后加 0.5 以抵消舍入误差。

UARTFBRD［DIVFRAC］=取整（BRDF×64 + 0.5）

UART 模块内部产生波特率参考时钟，其频率为波特率的 8 倍或 16 倍（取决于 UARTCTL 寄存器第 5 位 HSE 的设置），分别称为 Baud8 或 Baud16。此参考时钟一方面经过 8 分频或 16 分频后产生发送时钟，另一方面在接收过程中用于错误检测。

UARTIBRD 寄存器和 UARTFBRD 寄存器与 UART 线控高字节寄存器（UARTLCRH）共同映射为一个 30 位的内部寄存器。这个内部寄存器只在对 UARTLCRH 寄存器执行写操作时才会更新，因此更改波特率分频系数之后必须写一次 UARTLCRH 寄存器，更改内容才会生效。

更新波特率寄存器时，有如下 4 种可能的操作序列：

（1）写 UARTIBRD，写 UARTFBRD，写 UARTLCRH。

（2）写 UARTFBRD，写 UARTIBRD，写 UARTLCRH。

（3）写 UARTIBRD，写 UARTLCRH。

（4）写 UARTFBRD，写 UARTLCRH。

10.3.3　数据传输

数据在接收或发送时各保存在 16 字节深的 FIFO 中，接收 FIFO 的每个单元还有额外 4 位保存状态信息。当需要进行发送时，先将数据写入发送 FIFO。若 UART 模块已经使能，则将按 UARTLCRH 寄存器所配置的参数开始发送数据帧。UART 模块会持续发送数据，直到发送 FIFO 中没有可发数据为止。只要有数据写入发送 FIFO（即发送 FIFO 非空），则 UART 标志寄存器（UARTFR）的 BUSY 位在发送数据期间将保持为 1。只有当发送 FIFO 已空，并且最后 1 个字符（包括停止位）已经从移位寄存器中发出后，BUSY 位才会清 0。即使 UART 模块不再使能，此标志位也能指示出 UART 是否处于忙状态。

当接收通道空闲（UnRx 信号始终为 1）时，一旦数据输入拉低（收到起始位）则启动接收计数器。取决于 UARTCTL 寄存器第 5 位 HSE 位的设置，UART 模块将在 Baud16 的第 8 个周期或 Baud8 的第 4 个周期采样获取数据。

当收到起始位后，若 UnRx 信号在 Baud16 的第 8 周期（HSE = 0）或 Baud8 的第 4 周期（HSE = 1）仍然是低电平，才认为收到了有效的起始位，否则将忽略。检测到有效起始位后，接收逻辑单元将按照数据长度以及 UARTCTL 寄存器 HSE 位的设置，每隔 16 个 Baud16 周期或 8 个 Baud8 周期（即每隔 1 个位时间）连续采样获取数据。之后将捕捉并校验奇偶校验位（如果使能了奇偶校验）。数据长度和奇偶校验位在 UARTLCRH 寄存器中设置。

最后，通过采样 UnRx 信号是否为高电平判定停止位是否有效，若缺少有效停止位将视为帧错误。若成功接收到一帧数据，则数据和与之相关的错误标志都将保存到接收 FIFO 中。

10.3.4 串行红外（SIR）

UART 模块包含有 IrDA 串行红外（SAR）编解码模块。IrDA SAR 模块能够在异步 UART 数据流与半双工串行 SIR 接口之间进行相互转换。请注意，片上并不进行任何模拟信号处理；SIR 模块的角色仅仅是对输出进行数字编码、并将数字输入进行解码后转发给 UART。使能 SIR 功能后，SIR 模块将通过 UnTx 和 UnRx 管脚实施 SIR 协议。因此这两个管脚应与片外的红外收发器连接，实现完整的 IrDA SIR 物理层链路。SIR 模块既能接收也能发送，但其工作模式只能是半双工，不可能实现同时收发，因而在接收数据之前必须停止发送。IrDA SIR 物理层规定在发送和接收之间至少保障 10ms 的延时。SIR 模块有如下两种工作模式。

（1）IrDA 标准模式。输出脚上的逻辑 0 是一个宽度为 3/16 位周期（按照选定的波特率）的高脉冲；逻辑 1 则以静态的低电平输出。以这样的电平驱动红外收发器时会在每个逻辑 0 时发送一个脉冲；而在接收侧，接收到的光脉冲将激励光敏管使其输出拉低，从而将 UART 的输入脚也拉低。

（2）IrDA 低功耗模式。更改 UARTCR 寄存器的某些位后，发送红外脉冲的宽度将变更为内部产生的 IrLPBaud16 信号的 3 倍（在额定频率1.843 2MHz 下即为 1.63μs）。

图 10-3 分别描绘出有 IrDA 调制及无 IrDA 调制时的 UART 发送及接收信号。

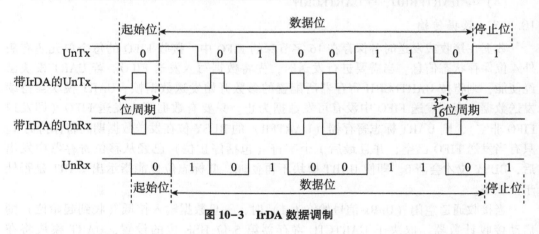

图 10-3 IrDA 数据调制

无论是 IrDA 标准模式还是低功耗模式：发送时，UART 数据位作为编码的基础；接收时，解码后的位转发给 UART 接收逻辑单元。

IrDA SIR 物理层协议制定了半双工的通信链路标准，其中规定发送和接收之间至少间隔 10ms 的延时。UART 模块本身并不提供此延时，必须由用户的应用软件予以保障。对于很多一体化的红外收发器来说这个延时非常必要，因为从发射 LED 耦合过来的光功率将导致红外接收电子部分发生偏置甚至饱和。此延时通常称为等待时间或接收器建立时间。

10.3.5　对 ISO 7816 的支持

UART 模块为与 ISO 7816 智能卡通信提供一些基本的支持。当 UARTCTL 寄存器的第 3 位（SMART）置 1 时，则连接智能卡时 UnTx 信号用作位时钟信号、UnRx 信号用作半双工通信线。智能卡的复位信号可用一个 GPIO 脚产生，而智能卡所需的其他信号应由系统设计予以保障。

当启用 ISO 7816 模式后，UARTLCRH 寄存器必须设置为：8 位数据位（WLEN 位域配置为 0x3），偶校验位（PEN 置 1、EPS 置 1）。UART 模块在这种模式下忽略 UARTLCRH 寄存器 STP2 位的设置，而是自动采用 2 停止位。

假如在发送期间检测到奇偶校验错误，UnRx 将在第二个停止位期间拉低。此时 UART 将中止当前传输过程、清空发送 FIFO 并丢弃其中的所有数据，同时产生一个奇偶校验错误中断。软件可以据此检测到发生的异常状况，并重新发送受影响的数据。

> **注意：**在这种情况下 UART 模块并不会自动重发被丢弃的数据。

10.3.6　对调制解调器握手信号的支持

当芯片连接为数据终端设备（Data Terminal Equipment，简写为 DTE）或数据通信设备（Data Communication Equipment，简写为 DCE）时，如何配置 UART1 模块运用调制解调器的状态信号。一般来说，调制解调器都是 DCE，连接到调制解调器的设备都是 DTE。

10.3.6.1　信号

UART1 模块提供的信号根据其用作 DCE 还是 DTE 而有所不同。当用作 DTE 时，调制解调器状态信号定义为：

（1）$\overline{\text{U1CTS}}$：允许发送信号。

（2）$\overline{\text{U1DSR}}$：数据设备就绪信号。

（3）$\overline{\text{U1DCD}}$：数据载波检测信号。

（4）$\overline{\text{U1RI}}$：振铃指示信号。

（5）$\overline{\text{U1RTS}}$：请求发送信号。

（6）$\overline{\text{U1DTR}}$：数据中断就绪信号。

当用作 DCE 时，调制解调器状态信号定义为：

（1）$\overline{\text{U1CTS}}$：请求发送信号。

（2）$\overline{\text{U1DSR}}$：数据终端就绪信号。

（3）$\overline{\text{U1RTS}}$：允许发送信号。

（4）$\overline{\text{U1DTR}}$：数据设备就绪信号。

请注意用作 DCE 时没有数据载波检测信号和振铃指示信号。如果需要用到这些信号，需由软件自行通过 GPIO 信号模拟实现。

10.3.6.2 流控方法

流控既可以通过硬件实现也可以通过软件实现，下面将分别介绍这两种方法。

（1）硬件流控（RTS/CTS）。两设备之间的硬件流控需将发送方的$\overline{U1RTS}$输出端连接到接收方的允许发送输入端，并将接收方的请求发送输出端连接到发送方的$\overline{U1CTS}$输入端。$\overline{U1CTS}$输入信号控制发送方。发送方只有在$\overline{U1CTS}$输入端生效（拉低）的情况下才能发送数据。$\overline{U1RTS}$输出信号指示接收方的 FIFO 状态。接收方将保持$\overline{U1CTS}$信号生效（拉低），直到其 FIFO 无法再存储更多字符时才输出预编程的水印电平。

UARTCTL 寄存器的第 15 位（CTSEN）和第 14 位（RTSEN）用于定义流控模式，详见表 10-2。

表 10-2 流控模式

CTSEN	RTSEN	描述
1	1	RTS 与 CTS 流控使能
1	0	仅 CTS 流控使能
0	1	仅 RTS 流控使能
0	0	RTS 与 CTS 流控均禁用

注意：当 RTSEN 为 1 时，软件将无法通过 UARTCTL 寄存器的请求发送（RTS）位改变$\overline{U1RTS}$的输出，因此应当忽略 RTS 位的状态。

（2）软件流控（调制解调器状态中断）。两设备间的软件流控实现方法是通过中断来指示 UART 的状态。通过使能 UARTIM 寄存器的第 3 位到第 0 位，可分别为$\overline{U1DSR}$、$\overline{U1DCD}$、$\overline{U1CTS}$、$\overline{U1RI}$信号产生中断，并分别通过 UARTRIS 寄存器和 UARTMIS 寄存器查询原始中断状态以及掩码后中断状态，以上中断可通过 UARTICR 寄存器予以清除。

10.3.7 对 LIN 总线的支持

UART 模块可为 LIN 总线协议（作为主机或从机）提供硬件支持。LIN 模式可通过 UARTCTL 寄存器的 LIN 位使能。LIN 报文是通过报文起始部分的同步间隔（Sync Break）识别的，其特征表现为一连串的 0。同步间隔之后是同步数据域（0x55）。图 10-4 描绘出一条 LIN 报文的结构。

要保障 LIN 模式下的正常工作，应对 UART 模块进行如下配置。

（1）配置 UART 模块为 1 起始位、8 数据位、无奇偶校验位、1 停止位。使能发送 FIFO。

（2）将 UARTCTL 寄存器的 LIN 位置位。

准备发送 LIN 报文时，应在 TXFIFO 的第 0 单元写入同步数据（0x55），在第 1 单元写入标识符数据，接下来顺序写入待发送的数据，并且在最后 1 个 FIFO 单元中写入校验和。

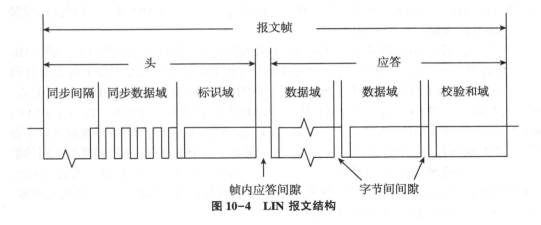

图 10-4　LIN 报文结构

10.3.7.1　LIN 主机模式

将 UARTLCTL 寄存器的 MASTER 位置 1，UART 模块即工作于 LIN 主机模式下。同步间隔的长度可通过 UARTLCTL 寄存器的 BLEN 位域编程设置，允许的长度为 13~16 位（波特率时钟周期）。

10.3.7.2　LIN 从机模式

当 UART 模块工作于 LIN 从机模式时，必须调节波特率使其与 LIN 主机的波特率一致。在从机模式下，LIN UART 所能识别的同步间隔长度必须至少是 13 个位。LIN 模式下提供一个始终运行的定时器，该定时器能在同步数据场的第 1 个下降沿和第 5 个下降沿自动产生定时器值的快照，软件可据此调节波特率与主机一致。检测到同步间隔场后，UART 模块将等待同步数据场。同步数据场的首个下降沿将使 UARTRIS 寄存器的 LME1RIS 位置 1 产生中断，与此同时捕定定时器的值并将其保存到 UARTLSS 寄存器中（T1）。同步数据场的第 5 个下降沿将使 UARTRIS 寄存器的 LME5RIS 位置 1 产生第二个中断，与此同时再次捕定定时器的值（T2）。于是可通过（T2 – T1）/8 计算出主机的波特率，并应当将本机 UART 模块的波特率修改为此数值。图 10-5 描绘出同步场的波形。

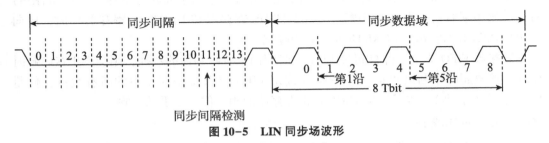

图 10-5　LIN 同步场波形

10.3.8　FIFO 操作

UART 模块包含两个 16 单元的 FIFO，一个用于发送，另一个用于接收。两个 FIFO 都是通过 UART 数据寄存器（UARTDR）访问的。对 UARTDR 寄存器执行读操作将返回 12 位的结果，其中包含 8 个数据位和 4 个错误标志位；对 UARTDR 寄存器执行写操作，可将 8 位数据写入发送 FIFO 中。

复位后，两个 FIFO 默认都是禁用的，其表现如同 1 字节深的保持寄存器。将 UARTLCRH 寄存器的 FEN 位置 1，即可使能 FIFO。FIFO 状态可以通过 UART 标志寄存器（UARTFR）以及 UART 接收状态寄存器（UARTRSR）查询。硬件会监控 FIFO 的空、满、溢出状况，其中空标志和满标志在 UARTFR 寄存器中（TXFE、TXFF、RXFE、RXFF），溢出标志则是 UARTRSR 寄存器的 OE 位。通过 UART 中断 FIFO 深度选择寄存器（UARTIFLS）可设置 FIFO 产生中断的触发深度。两个 FIFO 可分别配置为不同的触发深度。可选的触发深度包括 1/8、1/4、1/2、3/4 和 7/8。举例来说，若设置接收 FIFO 的触发深度为 1/4，则当 UART 连续收到 4 个数据字节后即会产生一个接收中断。复位后两个 FIFO 的默认触发深度都是 1/2。

10.3.9　中断

在出现以下状况时 UART 模块会产生中断。

（1）溢出错误。

（2）线终止错误。

（3）奇偶校验错误。

（4）帧错误。

（5）接收超时。

（6）发送（当满足 UARTIFLS 寄存器中 TXIFLSEL 位定义的条件时，或 UARTCTL 寄存器的 EOT 位置 1 并且发送数据的最后 1 位已经从串行移位寄存器发出时）。

（7）接收（当满足 UARTIFLS 寄存器中 RXIFLSEL 位定义的条件时）。

在发送给中断控制器之前，所有中断事件先进行一次逻辑或操作，因此同一时刻不管实际发生了多少中断事件，UART 模块都只向中断控制器产生一个中断请求。软件可以在同一个中断服务子程序中服务多个中断事件，通过读取 UART 掩码后中断状态寄存器（UARTMIS）识别。

将 UART 中断掩码寄存器（UARTIM）中相应的 IM 位置 1，可使中断事件触发控制器级的中断。假如未使用中断，也总可以通过 UART 原始中断状态寄存器（UARTRIS）查询原始中断状态。要清除中断（对 UARTMIS 寄存器和 UARTRIS 寄存器）时，应向 UART 中断清除寄存器（UARTICR）的相应位写 1。

若接收 FIFO 非空、并且超过 32 个位时间内没有收到新的数据，则会产生接收超时中断。接收超时中断既可以自动清除（读出 FIFO 或保持寄存器中的所有数据，使得 FIFO 变为空状态），也可以向 UARTICR 寄存器的相应位写 1 手动清除。

10.3.10　回环操作

将 UARTCTL 寄存器的 LBE 位置 1，UART 模块将工作于内部回环模式下。这种模式多用于诊断或调试，此时从 UnTx 输出端发送的数据都将从 UnRx 输入端收到。

10.3.11　DMA 操作

UART 模块可与 μDMA 控制器接口，实现相互独立的发送通道和接收通道。UART

的 µDMA 操作通过 UART DMA 控制寄存器（UARTDMACTL）使能。在使能 µDMA 操作后，UART 模块在接收 FIFO 或发送 FIFO 可以传输数据时向接收或发送通道产生 µDMA 请求。对于接收通道，只要接收 FIFO 中包含有效数据即会产生单次传输请求，当接收 FIFO 中包含的有效单元数大于等于 UARTIFLS 寄存器配置的触发深度时即会产生触发传输请求。对于发送通道，只要发送 FIFO 中至少有 1 个空闲单元即会产生单次传输请求，当发送 FIFO 中包含的有效单元数小于触发深度时即会产生触发传输请求。µDMA 控制器会根据 µDMA 通道的配置自动处理单次传输请求和触发传输请求。

若要开启 µDMA 接收通道，应将 DMA 控制寄存器（UARTDMACTL）的 RXDMAE 位置位；若要开启 µDMA 发送通道，应将 UARTDMACTL 寄存器的 TXDMAE 位置位。UART 模块还能配置成当发生接收错误时自动停止 DMA 接收通道：若 UARTDMACR 寄存器的 DMAERR 位置位，并且发生接收错误，则会自动禁用 DMA 接收请求。此状况可通过清除相应的 UART 错误中断予以解除。

如果已经使能了 µDMA，那么 µDMA 控制器会在传输结束时自动触发中断。此中断使用 UART 中断向量，因此，如果为 UART 操作使用中断并且开启了 µDMA，那么 UART 中断服务子程序必须包含对 µDMA 传输完成中断的处理。

10.4　初始化及配置

请按照以下步骤使能并初始化 UART 模块。

（1）将 RCGC1 寄存器的 UART0、UART1 或 UART2 位置位，使能 UART 时钟。

（2）通过 RCGC2 寄存器使能相应 GPIO 模块的时钟。

（3）将相关管脚的 AFSEL 位置 1。配置相关 GPIO 模块。

（4）按所选的工作模式分别配置 GPIO 的电流等级及/或斜率。

（5）通过 GPIOPCTL 寄存器的 PMCn 位域将 UART 信号赋给指定的管脚。

要想正常使用 UART 模块，应将 RCGC1 寄存器的 UART0、UART1 或 UART2 位置位以使能 UART 时钟。此外，还需要通过系统控制模块中的 RCGC2 寄存器使能相应 GPIO 模块的时钟。

下面将详细介绍配置 UART 模块的步骤。首先，假定 UART 时钟为 20MHz，并且希望实现如下规格的 UART 接口：

①波特率 115200；②8 位数据位；③1 停止位；④无奇偶校验位；⑤禁用 FIFO；⑥不使用中断。

首先要确定的参数就是波特率分频系数（BRD）。前文已述，应当先配置 UARTIBRD 寄存器和 UARTFBRD 寄存器，再配置 UARTLCRH 寄存器。"波特率的产生"一节所介绍的公式，BRD 计算如下：

BRD = 20 000 000/（16×115 200）= 10.850 7

BRD 的整数部分是 10，因此 UARTIBRD 寄存器的 DIVINT 位域应写入十进制的 10，即 0xA。BRD 的小数部分是 0.850 7，按照下式计算为：

UARTFBRD［DIVFRAC］=取整（0.850 7×64+0.5）= 54

因此 UARTFBRD 寄存器中应写入十进制的 54。

现在 BRD 已经计算出来，那么 UART 配置可按照如下顺序进行写入。

（1）将 UARTCTL 寄存器的 UARTEN 位清零，禁用 UART 模块。

（2）将 BRD 的整数部分写入 UARTIBRD 寄存器。

（3）将 BRD 的小数部分写入 UARTFBRD 寄存器。

（4）将串行工作参数写入 UARTLCRH 寄存器（在本示例中为 0x00000060）。

（5）可选步骤：通过 UARTDMACTL 寄存器配置 μDMA 通道并使能相关 μDMA。

（6）将 UARTCTL 寄存器的 UARTEN 位置位，使能 UART 模块。

10.5　寄存器映射

表 10-3 列出了 UART 寄存器。表 10-3 中偏移量一列是指相对于 UART 基地址的十六进制地址增量，各个 UART 模块的基地址分别为：

（1）UART0：0x4000 C000

（2）UART1：0x4000 D000

（3）UART2：0x4000 E000

在操作 UART 寄存器之前，注意应先使能 UART 模块时钟。

> **提示**：在修改任何控制寄存器之前，务必先禁用 UART 模块，将 UARTCTL 寄存器的 UARTEN 位清零）。如果在接收或发送期间禁用 UART，则 UART 模块会等待当前数据会话完成后再停止运行。

表 10-3　UART 寄存器映射

偏移量	寄存器名称	类型	复位值	寄存器描述
0x000	UARTDR	R/W	0x0000 0000	UART 数据寄存器
0x004	UARTRSR/UARTECR	R/W	0x0000 0000	UART 接收状态/错误清除寄存器
0x018	UARTFR	RO	0x0000 0090	UART 标志寄存器
0x020	UARTILPR	R/W	0x0000 0000	UARTIrDA 低功耗寄存器
0x024	UARTIBRD	R/W	0x0000 0000	UART 波特率分频系数整数寄存器
0x028	UARTFBRD	R/W	0x0000 0000	UART 波特率分频系数小数寄存器
0x02C	UARTLCRH	R/W	0x0000 0000	UART 线控寄存器
0x030	UARTCTL	R/W	0x0000 0300	UART 控制寄存器
0x034	UARTIFLS	R/W	0x0000 0012	UART 中断 FIFO 深度选择寄存器
偏移量	寄存器名称	类型	复位值	寄存器描述
0x038	UARTIM	R/W	0x0000 0000	UART 中断掩码寄存器
0x03C	UARTRIS	RO	0x0000 000F	UART 原始中断状态寄存器
0x040	UARTMIS	RO	0x0000 0000	UART 掩码后中断状态寄存器

（续表）

偏移量	寄存器名称	类型	复位值	寄存器描述
0x044	UARTICR	W1C	0x0000 0000	UART 中断清除寄存器
0x048	UARTDMACTL	R/W	0x0000 0000	UART DMA 控制寄存器
0x090	UARTLCTL	R/W	0x0000 0000	UART LIN 控制寄存器
0x094	UARTLSS	RO	0x0000 0000	UART LIN 快照寄存器
0x098	UARTLTIM	RO	0x0000 0000	UART LIN 定时寄存器
0xFD0	UARTPeriphID4	RO	0x0000 0000	UART 外设标识寄存器 4
0xFD4	UARTPeriphID5	RO	0x0000 0000	UART 外设标识寄存器 5
0xFD8	UARTPeriphID6	RO	0x0000 0000	UART 外设标识寄存器 6
0xFDC	UARTPeriphID7	RO	0x0000 0000	UART 外设标识寄存器 7
0xFE0	UARTPeriphID0	RO	0x0000 0060	UART 外设标识寄存器 0
0xFE4	UARTPeriphID1	RO	0x0000 0000	UART 外设标识寄存器 1
0xFE8	UARTPeriphID2	RO	0x0000 0018	UART 外设标识寄存器 2
0xFEC	UARTPeriphID3	RO	0x0000 0001	UART 外设标识寄存器 3
0xFF0	UARTPCellID0	RO	0x0000 000D	UART PrimeCell 标识寄存器 0
0xFF4	UARTPCellID1	RO	0x0000 00F0	UART PrimeCell 标识寄存器 1
0xFF8	UARTPCellID2	RO	0x0000 0005	UART PrimeCell 标识寄存器 2
0xFFC	UARTPCellID3	RO	0x0000 00B1	UART PrimeCell 标识寄存器 3

注：寄存器具体定义详见 LM3S9B96_ DATASHEET 文档

11 ARM Cortex-M3 模–数转换器 （ADC）

模–数转换器（Analog-to-Digital Converter，简写为 ADC）是一种能够将连续的模拟电压信号转换为离散的数字量的外设。Stellaris® LM3S9B96 内置两个相同的 ADC 模块，共享 16 个输入通道。

Stellaris® ADC 模块具有 10 位转换分辨率，支持 16 个输入通道，并且内置温度传感器。ADC 模块包含 4 个可编程的序列发生器，无须控制器干预即可自动完成对多个模拟输入源的采样。每个采样序列发生器都可灵活配置其输入源、触发事件、中断的产生、序列发生器的优先级等内容。ADC 模块内置数字比较器功能，采样转换结果可移交给数字比较器模块。数字比较器模块内置 16 路数字比较器，每路数字比较器均可将 ADC 转换结果数值与 2 个由用户定义的门限值进行比较，以确定信号的工作范围。ADC0 和 ADC1 可各自采用不同的触发源，也可采用相同的触发源；可各自采用不同的模拟输入端，也可采用同一模拟输入端。ADC 模块内部还具有移相器，可将采样开始时间（采样点）延后指定的相角。因此当两个 ADC 模块同时工作时，其采样点既可以配置为同相工作，也可以配置为相互错开一定的相角。

Stellaris® LM3S9B96 微控制器内置两个 ADC 模块，具有以下特性。

（1）16 个模拟输入通道。

（2）可配置为单端输入或差分输入。

（3）片上内置温度传感器。

（4）采样率最高可达每秒 1M 次。

（5）可选的移相器，采样点以采样周期计可延后 22.5°到 337.5°。

（6）4 个可编程的采样转换序列发生器，序列长度 1 个到 8 个单元不等，且各自带有相应长度的转换结果 FIFO。

（7）灵活的转换触发控制。

    —控制器（软件）触发

    —定时器触发

    —模拟比较器触发

    —PWM 触发

    —GPIO 触发

（8）硬件可自动对最多 64 个采样取平均值，提高采样精度。

（9）数字比较器模块，提供 16 路数字比较器。

（10）A/D 转换器可使用片内 3V 参考电压，也可使用片外参考电平。

（11）模拟部分的电源/地与数字部分的电源/地相互独立。

（12）结合微型直接存储器访问（Micro Direct Memory Access，简写为 μDMA）控制器使用，可实现高效的数据传输。

——每个采样序列发生器各自有专用的通道

——ADC 模块的 DMA 操作均采用触发请求

11.1　框图

Stellaris® LM3S9B96 微控制器内置两个相同的模-数转换器（ADC）模块 ADC0 和 ADC1，共享 16 个模拟输入通道。两个 ADC 模块的工作相互独立，因此可同时执行不同的采样序列、随时对任一模拟输入通道进行采样，并各自产生不同的中断和触发事件。图 11-1 描绘出两个 ADC 模块是如何与模拟输入端以及系统总线连接的。

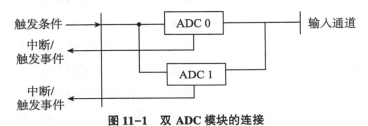

图 11-1　双 ADC 模块的连接

图 11-2 描绘出 ADC 模块中控制寄存器及数据寄存器的配置情况。

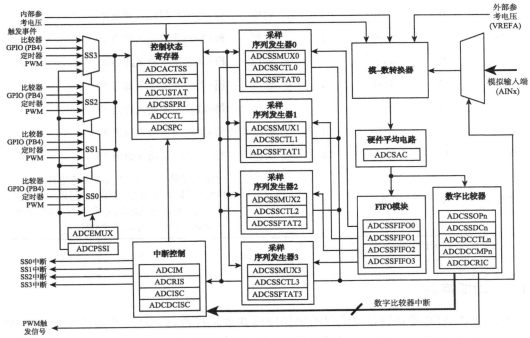

图 11-2　ADC 模块框图

11.2 信号描述

表 11-1 列出了与 ADC 模块相关的所有外部信号并逐一描述其功能。ADC 信号是某些 GPIO 信号的模拟功能。表 11-1 中"复用管脚/赋值"一列是各 ADC 信号所对应的 GPIO 管脚。当需要用作 ADC 输入端时，应将 GPIO 模拟模式选择寄存器（GPIOAM-SEL）中的相关位置位，禁用模拟隔离电路；同时还应将 GPIO 数字使能寄存器（GPI-ODEN）中的相关位清零，禁用管脚的数字功能。

表 11-1 ADC 信号（LQFP100 封装）

管脚名称	管脚序号	复用管脚/赋值	管脚类型	缓冲类型[a]	功能描述
AIN0	1	PE7	I	模拟	模–数转换器输入通道 0
AIN1	2	PE6	I	模拟	模–数转换器输入通道 1
AIN2	5	PE5	I	模拟	模–数转换器输入通道 2
AIN3	6	PE4	I	模拟	模–数转换器输入通道 3
AIN4	100	PD7	I	模拟	模–数转换器输入通道 4
AIN5	99	PD6	I	模拟	模–数转换器输入通道 5
AIN6	98	PD5	I	模拟	模–数转换器输入通道 6
AIN7	97	PD4	I	模拟	模–数转换器输入通道 7
AIN8	96	PE3	I	模拟	模–数转换器输入通道 8
AIN9	95	PE2	I	模拟	模–数转换器输入通道 9
AIN10	92	PB4	I	模拟	模–数转换器输入通道 10
AIN11	91	PB5	I	模拟	模–数转换器输入通道 11
AIN12	13	PD3	I	模拟	模–数转换器输入通道 12
AIN13	12	PD2	I	模拟	模–数转换器输入通道 13
AIN14	11	PD1	I	模拟	模–数转换器输入通道 14
AIN15	10	PD0	I	模拟	模–数转换器输入通道 15
VREFA	90	PB6	I	模拟	此输入端提供 A/D 转换的参考电压，ADC 以此电压作为满量程输入电压。也就是说，若 AINn 输入的信号电压与 VREFA 电压相等，则转换结果为 1 023

a："TTL"表示该管脚兼容 TTL 电平标准

11.3 功能描述

Stellaris® ADC 模块通过可编程的采样序列获取采样数据，这与传统的单次或双次采样（常见于其他 ADC 模块）有很大的不同。每个采样序列（Sample Sequence）均由一组连续（背靠背）的采样动作组成，因此 ADC 模块可以自动从多个输入源采集数据，无须微控制器对其重新配置或进行干预。采样序列中的每个采样动作都可灵活编程，可配置的参数包括选择输入源和输入模式（单端输入或差分输入）、采样结束时是否产生中断、是否是队列中最后一个采样动作的标识符等。此外，若结合 μDMA 工作，ADC 模块能够更加高效地从采样序列中获取数据，同时无须 CPU 进行任何干预。

11.3.1　采样序列发生器

采样控制和数据采集都是由采样序列发生器（Sample Sequencer，简写为 SS）处理的。所有序列发生器的实现方法都是相同的，区别仅在于能够捕捉的采样数以及 FIFO 深度有所不同。表 11-2 列出了每个序列发生器所能捕捉的最大采样数以及 FIFO 深度。FIFO 中的每个单元都是 32 位宽的字，采样结果保存在其低 10 位中。

表 11-2　采样序列发生器的采样数和 FIFO 深度

采样序列器	采样数目	FIFO 深度
SS3	1	1
SS2	4	4
SS1	4	4
SS0	8	8

对于指定的采样序列，若以 n 代表其序号，则采样序列 n 中的每个采样动作分别以 ADC 采样序列输入复用选择寄存器（ADCSSMUXn）中的 1 个半字节（4 位）以及 ADC 采样序列控制寄存器（ADCSSCTLn）中的 1 个半字节予以定义。ADCSSMUXn 中的半字节用于选择输入管脚；ADCSSCTLn 中的半字节为控制参数，包括是否使用温度传感器、是否使能中断、是否序列终止符、是否差分输入。使用之前应先配置采样序列发生器，之后将 ADC 有效采样序列寄存器（ADCACTSS）的相应 ASENn 位置位即可使能 ADC 模块，将 ADC 处理器采样序列启动寄存器（ADCPSSI）的相应 SSn 位置位即可启动采样序列。此外，通过配置 ADCPSSI 寄存器的 GSYNC 和 SYNCWAIT 位，可同时启动多个 ADC 模块的多个采样序列。

配置采样序列时，允许同一序列中的多个采样动作对同一输入端进行采样。ADCSSCTLn 寄存器中的 IEn 位可任意组合置 1，如果有必要的话能够在采样序列的每个采样动作时都产生中断。同样，END 位也可以放置在采样序列中的任意位置。举例来说，假设使用采样序列 0，并且将与第 5 个采样动作相关的半字中的 END 位置位，那么采样序列 0 将在完成第 5 个采样动作后结束执行。

当采样序列执行结束后，可从 ADC 采样序列结果 FIFO 寄存器（ADCSSFIFOn）中读取采样结果数据。ADC 模块的 FIFO 均为简单的环型缓冲区，反复读取同一地址（ADCSSFIFOn）即可依次"弹出"结果数据。为了方便软件调试，通过 ADC 采样序列 FIFO 状态寄存器（ADCSSFSTATn）可查询到 FIFO 头指针、尾指针的位置以及 FULL（满）和 EMPTY（空）状态标志。通过 ADCOSTAT 和 ADCUSTAT 寄存器可监控上溢和下溢状态。

11.3.2 模块控制

控制逻辑单元中除采样序列发生器的剩余部分负责执行以下任务：中断的产生、DMA 操作、采样序列按优先级执行、触发事件的配置、比较器的配置、外部参考电压、采样相位控制。

大多数的 ADC 控制逻辑单元工作于 ADC 时钟频率（14～18MHz）。当选择系统 XTAL 时，硬件将自动配置内部的 ADC 分频系数，尽量按照 16MHz 频率工作。

11.3.2.1 中断

采样序列发生器和数字比较器的寄存器配置可以监控产生原始中断的事件，但对中断是否真正发送给中断控制器没有控制权。ADC 模块是否产生中断信号是由 ADC 中断掩码寄存器（ADCIM）的 MASK 位决定的。中断状态可以从以下两个位置查询：ADC 原始中断状态寄存器（ADCRIS）显示各个中断信号的原始状态；ADC 中断及清除寄存器（ADCISC）显示经 ADCIM 寄存器使能后的实际中断状态。向 ADCISC 寄存器的 IN 位写 1 可清除相应的序列发生器中断；向 ADC 数字比较器中断状态及清除寄存器（ADCDCISC）寄存器的 DCINTn 位写 1 可清除数字比较器中断。

11.3.2.2 DMA 操作

每个采样序列发生器都可向 μDMA 控制器中相关的专用通道发送请求。这样的配置使得每个采样序列发生器能够独立工作，无须微控制器干预或重新配置即可传输数据。ADC 模块不支持单次传输请求，当采样序列的中断标志置 1 时（ADCSSCTLn 寄存器的 IE 位置 1）产生触发传输请求。

μDMA 传输大小必须是 2 的整数幂，并且 ADCSSCTLn 寄存器的相关 IE 位必须置位。例如，若 SS0 的 μDMA 通道大小为 4，那么必须将 IE3（第 4 个采样动作）和 IE7（第 8 个采样动作）置位，于是每 4 个采样动作后触发 1 次 μDMA 请求。除此之外不需要其他特殊步骤，ADC 模块已经能够进行 μDMA 工作。

11.3.2.3 优先级

当同时出现多个采样事件（触发条件）时，按照 ADC 采样序列器优先级寄存器（ADCSSPRI）所定义的优先级顺序依次处理。优先级的有效值为 0～3，其中 0 代表最高优先级、3 代表最低优先级。如果多个活动的采样序列具有相同的优先级，将导致转换结果数据不连续，因此软件必须确保当前活动的所有采样序列各自具有唯一的优先级。

11.3.2.4 采样事件

每个采样序列发生器的采样触发条件可通过 ADC 事件复用选择寄存器（ADCEMUX）予以定义。触发事件源包括微控制器触发（默认值）、模拟比较器触发、GPIOPB4 外部信号触发、通用定时器触发、PWM 触发以及持续采样触发。软件可以将 ADC 处理器采样序列启动寄存器（ADCPSSI）的 SSx 位置 1 来启动采样序列。

配置持续采样触发条件时务必慎重。假如某个采样序列的优先级过高，可能导致其他低优先级采样序列始终无法运行。

11.3.2.5　采样相位控制

ADC0 和 ADC1 可各自采用不同的触发源，也可采用相同的触发源；可各自采用不同的模拟输入端，也可采用同一模拟输入端。假如两个转换器以相同的采样率工作，其采样点既可以配置为同相，也可以配置为相互错开一定的相角（可实现 15 种离散的相位差）。采样点延后的相位从 0°到 337.5°之间以 22.5°逐步递增，并通过 ADC 采样相位控制寄存器（ADCSPC）予以设置。图 11-3 描绘出 1Msps 采样率时各种不同的相位关系。

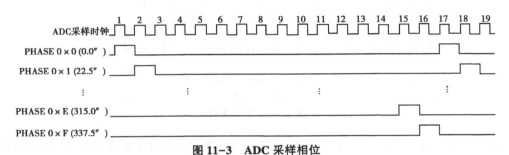

图 11-3　ADC 采样相位

借助此功能可对单个输入通道实现双倍采样率。将 ADC0 和 ADC1 模块配置为采用同一个输入通道，ADC0 模块按照标准相位采样（ADCSPC 寄存器的 PHASE = 0），ADC1 模块延后 180°相位采样（PHASE = 0x8）。通过 ADC 处理器采样序列启动寄存器（ADCPSSI）的 GSYNC 和 SYNCWAIT 位配置两个模块同步运行，并由软件将来自两个模块的结果数据进行组合，就能在 16MHz 工作频率下实现最高 2Msps 采样率，如图11-4 所示。

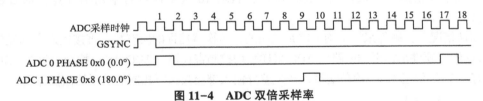

图 11-4　ADC 双倍采样率

运用 ADCSPC 寄存器还能实现许多有趣的应用。

（1）不同信号的同相采样。两个转换器的采样序列同相进行。

　　— ADC 模块 0：ADCSPC = 0x0，对 AN0 采样

　　— ADC 模块 1：ADCSPC = 0x0，对 AN1 采样

（2）同一信号的交错采样。两个模块的采样序列按照 ADC 时钟的 1/2（当采样率 1Msps 时为 500μs）交错进行采样。如果软件将两个模块的转换结果进行交错组合，即可将单个输入通道的转换带宽加倍，如图 11-5 所示。

　　— ADC 模块 0：ADCSPC = 0x0，对 AN0 采样

　　— ADC 模块 1：ADCSPC = 0x8，对 AN0 采样

11.3.2.6　外部参考电压

ADC 基准电压可选用外部参考电压。通过 ADC 控制寄存器（ADCCTL）的 VREF 位即可选用内部参考电压或外部参考电压。ADC 转换值按照外部参考电压饱和到

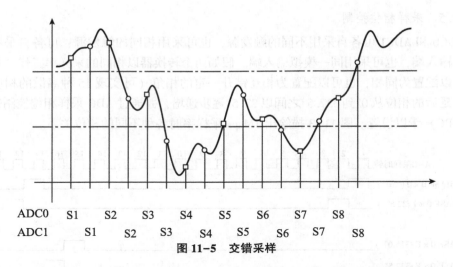

ADC0　S1　　S2　　S3　　S4　　S5　　S6　　S7　　S8

ADC1　　　S1　　S2　　S3　　S4　　S5　　S6　　S7　　S8

图 11-5　交错采样

0x3FF。VREFA 规格定义了外部参考电压的有效范围。地电位永远作为最小转换值的参考电压。当采用外部参考电压时务必慎重，参考电压源的质量必须符合要求。

11.3.3　硬件采样平均电路

启用硬件采样平均电路可以获得更高的精度，与此同时付出的代价是吞吐率将成比例地降低。硬件采样平均电路最高可将 64 次采样结果累加并计算出平均值，以平均值作为单次采样的数据写入序列发生器 FIFO 的 1 个单元中。由于是算术平均值，因此吞吐率与求平均值的采样数目成反比。例如，若取 16 次采样进行平均值计算，那么吞吐率将降为 1/16。

默认情况下，硬件采样平均电路是关闭的，转换器捕捉的所有数据直接送入序列发生器的 FIFO 中。硬件采样平均电路由 ADC 采样平均控制寄存器（ADCSAC）控制。每个 ADC 模块只有一个平均电路，不论单端输入还是差分输入都会被执行相同的求平均值操作。

11.3.4　模-数转换器

模-数转换器（ADC）模块采用逐次逼近寄存器（Successive Approximation Register，简写为 SAR）架构实现低功耗、高精度的 10 位 A/D 转换。逐次逼近算法采用电流型 D/A 转换器以降低建立时间，从而提高了 A/D 转换器的转换速度；芯片内置的采样-保持电路以及偏移补偿电路则提高了 A/D 转换器的转换精度。ADC 必须基于 PLL 或 14~18MHz 时钟源工作。

ADC 模块同时从 3.3V 模拟电源和 1.2V 数字电源取电。当不需要 A/D 转换功能时，可设置为关闭模式以降低功耗。从自定义管脚上输入的模拟信号通过特殊的平衡输入通道连接到 ADC，尽量降低输入信号的失真。

11.3.4.1　内部参考电压

ADC 模块可将内部带隙电路产生的 3.0V 电压作为参考电压，对选定的模拟输入电压进行转换并生成转换值，转换值的范围为 0x000~0x3FF。在单端输入模式下，0x000 代表模拟输入电压约为 0.0V，0x3FF 代表模拟输入电压约为 3.0V；此时转换分辨率为每个读数约2.9mV。虽然模拟输入管脚能够承受超出此范围的电压，但在欠压及过压时A/D转换结果将会饱和。图11-6描绘出ADC转换值与输入模拟电压的函数关系。

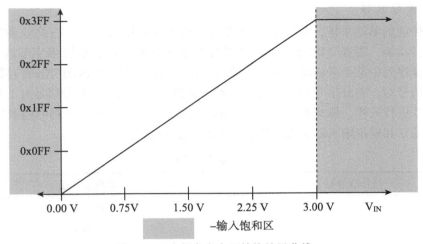

-输入饱和区

图11-6　内部参考电压转换结果曲线

11.3.4.2　外部参考电压

通过将ADC控制寄存器（ADCCTL）的VREF位置1，ADC模块可用外部参考电压对选定的模拟输入电压进行转换。VREF位指定是否使用外部参考电压。转换值的范围始终不变（0x000~0x3FF），因此对于相同的A/D转换值，3.0V外部参考电压时所代表的模拟电压将三倍于1.0V外部参考电压时所代表的模拟电压，因而电压分辨率更低（每个ADC读数所代表的电压越高）。如果输入的模拟电压高于外部参考电压，则转换结果将饱和到0x3FF；如果输入的模拟电压低于0.0V，则转换结果将饱和到0x000。图11-7描绘出外部参考电压下ADC转换值与输入模拟电压的函数关系。

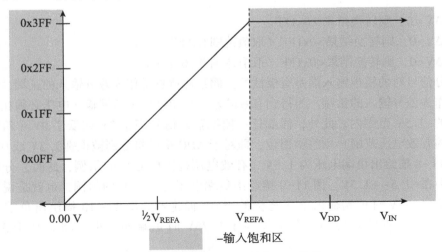

-输入饱和区

图11-7　外部参考电压转换结果曲线

若采用外部高精度电压源或对电压源进行精密调节，则采用外部参考电压时 A/D 转换精度将高于采用内部参考电压的情况。

11.3.5 差分采样

除了传统的单端采样，ADC 模块还支持对两个模拟输入通道进行差分采样。要启用差分采样功能，需在 ADCSSCTL0n 寄存器中将某个采样步骤配置半字节的 Dn 位置位。若采样序列中某个采样动作配置为差分采样，必须通过 ADCSSMUXn 寄存器选择输入的差分信号对。差分信号对 0 对模拟输入端 0 和 1 进行采样，差分信号对 1 对模拟输入端 2 和 3 进行采样，依此类推（表 11-3）。ADC 不支持差分信号对的随意组合，如模拟输入端 0 和模拟输入端 3 无法作为一对差分信号输入。

表 11-3　差分采样信号对

差分信号对	模拟输入端
0	0 和 1
1	2 和 3
2	4 和 5
3	6 和 7
4	8 和 9
5	10 和 11
6	12 和 13
7	14 和 15

差分模式下采样电压是奇数通道与偶数通道电压的差值：

ΔV（差分电压）= VIN_EVEN（偶数通道电压） - VIN_ODD（奇数通道电压），因此：

若 $\Delta V = 0$，则转换结果 = 0x1FF。

若 $\Delta V > 0$，则转换结果 > 0x1FF（取值范围 0x1FF~0x3FF）。

若 $\Delta V < 0$，则转换结果 < 0x1FF（取值范围 0~0x1FF）。

差分信号对的模拟输入端是有极性的：偶数通道总是作为差分输入的正端，奇数通道总是作为差分输入的负端。为得到有效的差分转换结果，负端输入电压必须在正端输入电压的 ±1.5V 范围内。此外，假如任一模拟输入信号高于 3V 或低于 0V（超出模拟输入端的有效电压范围）则将被钳位，即对于 ADC 来说将分别被识别为 3V 或 0V。

图 11-8 描绘出负端电压为 1.5V（有效电压范围中心）的示例，此时差分电压的有效范围在 -1.5~+1.5V。图 11-9 描绘出负端电压为 0.75V 的示例，也就是说当差分电压低于 -0.75V 时正端输入电压将会低于 0V 而饱和。图 11-10 描绘出负端电压为 2.25V 的示例，也就是说当差分电压高于 0.75V 时正端输入电压将会高于 3.0V 而饱和。

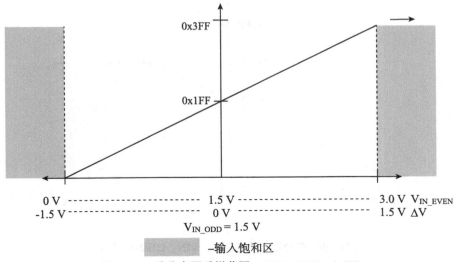

图 11-8 差分电压采样范围，VIN_ ODD=1. 5V

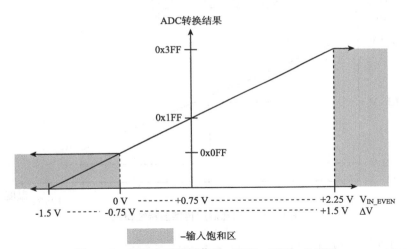

图 11-9 差分电压采样范围，VIN_ ODD=0. 75V

11.3.6 内部温度传感器

温度传感器的主要作用是当芯片温度过高或过低时向系统给予提示，保障芯片稳定工作。温度传感器没有单独的使能/禁用操作，因为它关系到带隙参考电压的产生，而带隙参考电压不仅提供给 ADC 模块、还需要提供给片内其他所有模拟模块，因此必须始终使能。内部温度传感器提供模拟温度读数以及参考电压。输出端 SENSO 的电压按照下式计算：

$$SENSO = 2. 7- \left[(T+55) /75 \right]$$

其关系如图 11-11 所示。

也可以从温度传感器的 ADC 结果通过函数转换得到温度读数。下式即可根据 ADC

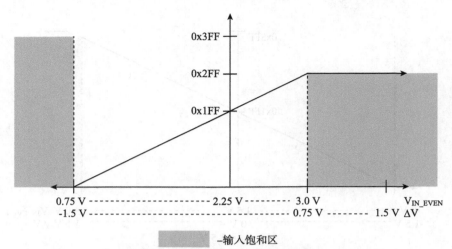

图 11-10　差分电压采样范围，VIN_ ODD = 2. 25V

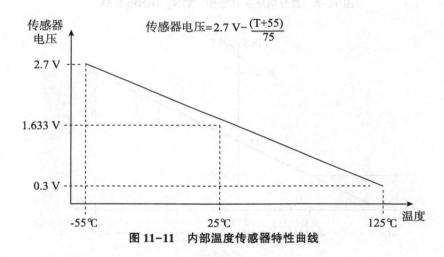

图 11-11　内部温度传感器特性曲线

读数计算出温度（单位为℃）：

$$温度 = 147.5 - [(225 \times ADC)/1\,023]$$

11.3.7　数字比较器

ADC 通常用于对外部信号采样并监控其数值的变动，确保其保持在给定的范围内。为了实现此监控过程的自动化，减少所需的处理器开销，ADC 模块内置有 16 路数字比较器。ADC 转换结果可直接发送给数字比较器，与用户编程的门限进行比较。门限通过 ADC 数字比较器范围寄存器（ADCDCCMPn）配置。假如被监控的信号超出了容许的范围，则产生一个处理器中断及/或向 PWM 模块发送一个触发事件。用户可将数字比较器的 4 种工作模式（单次触发、持续触发、迟滞单次触发、迟滞持续触发）应用于 3 个相互独立的区域（低值带、中值带、高值带）中。

11.3.7.1　输出功能

取决于 ADC 采样序列工作寄存器 n（ADCCSOPn）中 SnDCOP 位的设置，ADC 转换结果可以保存到 ADC 采样序列 FIFO 中，也可以供给数字比较器进行比较。选定的 ADC 转换结果将被其对应的数字比较器用于监控外部信号。每个数字比较器可以有两种输出功能：处理器中断或 PWM 触发事件。

每种输出功能都有其状态机对被监控的信号实施追踪。中断功能和触发事件功能既可以分别使能，也可以同时使能；两种功能将根据同一转换数据判断其条件是否已经满足，并据此产生相应的输出。

（1）中断。将 ADC 数字比较器控制寄存器（ADCDCCTLn）的 CIE 位置位即可使能数字比较器的中断功能，此时中断功能状态机开始运行，并监控输入的 ADC 转换结果。当某组条件得到满足并且 ADCIM 寄存器的 DCONSSx 位置 1 时，将向中断控制器发送一个中断。

（2）触发事件。将 ADCDCCTLn 寄存器的 CTE 位置 1 即可使能数字比较器的触发事件功能，此时触发事件功能状态机开始运行，并监控输入的 ADC 转换结果。当某组条件得到满足时，将相应产生一个数字比较器触发事件并发送给 PWM 模块。

11.3.7.2　工作模式

数字比较器有 4 种工作模式，能够支持类型广泛的应用、满足各种信号的要求。这 4 种工作模式分别是：持续触发、单次触发、迟滞持续触发、迟滞单次触发。工作模式通过 ADCDCCTLn 寄存器的 CIM 或 CTM 位选取。

（1）持续触发模式。在持续触发工作模式中，只要 ADC 转换值满足比较条件即会产生相应的中断或触发事件。因此，如果 A/D 转换结果处于规定的范围内，将产生一连串的中断或触发事件。

（2）单次触发模式。在单次触发工作模式中，只有当前 ADC 转换值满足比较条件并且前一个 ADC 转换值不满足比较条件时，才会产生相应的中断或触发事件。因此，如果 A/D 转换结果处于规定的范围内，将产生单个中断或触发事件。

（3）迟滞持续触发模式。迟滞持续触发工作模式只能结合低值带或高值带工作，只有跨越中值带进入相反的区域时才会清除迟滞条件。在迟滞持续触发工作模式中，满足以下条件时才会产生相应的中断或触发事件：ADC 转换值满足其比较条件；或之前的某个 ADC 结果满足比较条件，并且迟滞条件尚未清除（ADC 转换值尚未落入相反的区域）。因此，在 ADC 转换值进入相反的区域之前，将不断产生一连串的中断或触发事件。

（4）迟滞单次触发模式。迟滞单次触发工作模式只能结合低值带或高值带工作，只有跨越中值带进入相反的区域时才会清除迟滞条件。在迟滞单次触发工作模式中，满足以下条件时才会产生相应的中断或触发事件：ADC 转换值满足其比较条件，且前一个 ADC 转换值不满足比较条件，且迟滞条件已清除（ADC 转换值已曾落入相反的区域）。因此，在 ADC 转换值进入相反的区域之前，将产生单个中断或触发事件。

11.3.7.3 功能作用范围

通过 ADC 数字比较器范围寄存器（ADCDCCMPn）可定义两组比较门限 COMP0 和 COMP1，于是转换结果被划分为 3 个区域，分别称为低值带（小于等于 COMP0）、中值带（大于 COMP0，小于等于 COMP1）、高值带（大于 COMP1）。允许将 COMP0 和 COMP1 编程为相等的值，也就是只划分出两个区域。请注意，COMP1 必须大于等于 COMP0。若 COMP1 小于 COMP0，其后果将难以预料。

（1）低值带工作。要让数字比较器在低值带内工作，应将 ADCDCCTLn 寄存器的 CIC 位域或 CTC 位域设为 0x0，这样就会在低值带内按照编程的工作模式产生中断或触发事件。图 11-12 描绘出低值带内各种工作模式下产生中断/触发事件的状态示例，其中每行代表一种工作模式（持续触发、单次触发、迟滞持续触发、迟滞单次触发），每列中的"0"表示不产生中断或触发事件信号，"1"表示产生中断或触发事件信号。

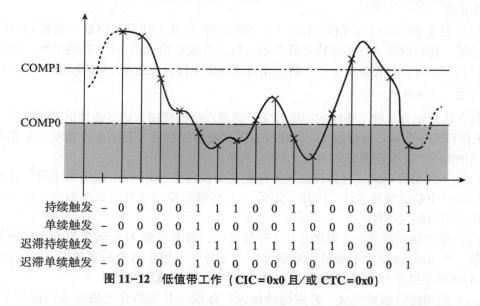

图 11-12　低值带工作（CIC=0x0 且/或 CTC=0x0）

（2）中值带工作。要让数字比较器在中值带内工作，应将 ADCDCCTLn 寄存器的 CIC 位域或 CTC 位域设为 0x1，这样就会在中值带内按照编程的工作模式产生中断或触发事件。只有持续触发工作模式和单次触发工作模式能够在中值带内工作。图 11-13 描绘出中值带内各种工作模式下产生中断/触发事件的状态示例，其中每行代表一种工作模式（持续触发、单次触发），每列中的"0"表示不产生中断或触发事件信号，"1"表示产生中断或触发事件信号。

（3）高值带工作。要让数字比较器在高值带内工作，应将 ADCDCCTLn 寄存器的 CIC 位域或 CTC 位域设为 0x3，这样就会在高值带内按照编程的工作模式产生中断或触发事件。图 11-14 描绘出高值带内各种工作模式下产生中断/触发事件的状态示例，其中每行代表一种工作模式（持续触发、单次触发、迟滞持续触发、迟滞单次触发），每列中的"0"表示不产生中断或触发事件信号，"1"表示产生中断或触发事件信号。

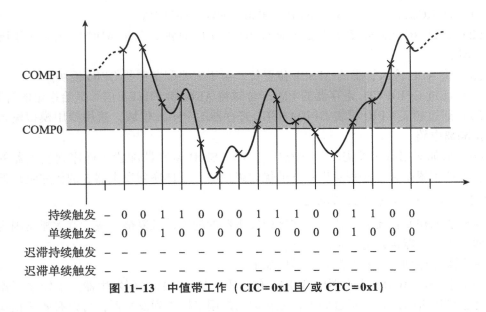

图 11-13   中值带工作（CIC=0x1 且/或 CTC=0x1）

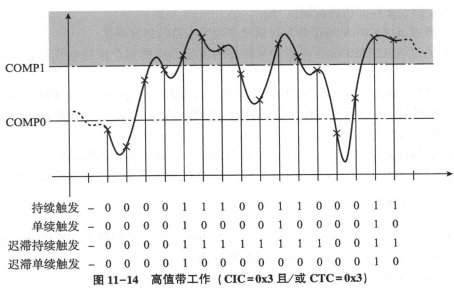

图 11-14   高值带工作（CIC=0x3 且/或 CTC=0x3）

11.4   初始化及配置

要想正常使用 ADC 模块，必须通过 RCC 寄存器使能 PLL，并且将工作频率编程为 ADC 模块支持的数值。采用不支持的频率有可能造成 ADC 模块的工作发生错误。

11.4.1   模块初始化

ADC 模块的初始化流程比较简单，只有很少几个步骤：使能 ADC 的时钟、禁用待用模拟输入脚的模拟隔离电路、配置采样序列发生器优先级（如果有必要的话）。

ADC 的初始化序列如下所示：

（1）向 RCGC0 寄存器写入 0x0100 0000，使能 ADC 时钟。

（2）通过 RCGC2 寄存器使能相应 GPIO 模块的时钟。至于 ADC 模块对应于哪些 GPIO 模块。

（3）将 ADC 输入管脚的 AFSEL 位置位。至于需要配置哪些 GPIO 模块。

（4）通过 GPIOPCTL 寄存器的 PMCn 位域将 AINx 和 VREFA 信号赋给指定的管脚。

（5）通过相关 GPIO 模块 GPIOAMSEL 寄存器的 PMCn 位域，禁用待用模拟输入脚的模拟隔离电路。

（6）假如应用有相关需求，则应通过 ADCSSPRI 寄存器配置采样序列发生器的优先级。默认配置是采样序列发生器 0 的优先级最高，采样序列发生器 3 的优先级最低。

11.4.2　采样序列发生器的配置

与模块的初始化流程相比，采样序列发生器的配置稍微复杂一些，这大概是因为每个采样序列发生器都是完全可编程的。

每个采样序列发生器的配置步骤应如下。

（1）将 ADCACTSS 寄存器的 ASENn 位清零，禁用采样序列发生器。采样序列器不用使能也可以进行配置。不过如果在配置期间禁用采样序列发生器，可以有效防止在此期间因满足触发条件而造成的误执行。

（2）通过 ADCEMUX 寄存器配置采样序列发生器的触发事件。

（3）通过 ADCSSMUXn 寄存器为采样序列发生器中的每个采样动作配置相应的输入源。

（4）通过 ADCSSCTLn 寄存器中的相应半字节来为采样序列中每个采样动作配置控制位。在配置最后一个采样动作的半字节时，应确保 END 位置位。如果未设置 END 位将导致不可预测的执行结果。

（5）假如打算采用中断，则应在 ADCIM 寄存器中设置相关的掩码位。

（6）将 ADCACTSS 寄存器的 ASENn 位置位，使能采样序列发生器逻辑单元。

11.5　寄存器映射

表 11-4 列出了 ADC 寄存器。表 11-4 中偏移量一列是指相对于 ADC 模块基地址的十六进制地址增量，两个 ADC 模块的基地址分别为：

- ADC0：0x4003 8000

- ADC1：0x4003 9000

在操作 ADC 寄存器之前，注意应先使能 ADC 模块时钟。

表 11-4　ADC 寄存器映射

偏移量	寄存器名称	类型	复位值	寄存器描述
0x000	ADCACTSS	R/W	0x0000 0000	ADC 有效采样序列发生器寄存器
0x004	ADCRIS	RO	0x0000 0000	ADC 原始中断状态寄存器
0x008	ADCIM	R/W	0x0000 0000	ADC 中断掩码寄存器

（续表）

偏移量	寄存器名称	类型	复位值	寄存器描述
0x00C	ADCISC	R/W1C	0x0000 0000	ADC 中断状态及清除寄存器
0x010	ADCOSTAT	R/W1C	0x0000 0000	ADC 上溢状态寄存器
0x014	ADCEMUX	R/W	0x0000 0000	ADC 事件复用选择寄存器
0x018	ADCUSTAT	R/W1C	0x0000 0000	ADC 下溢状态寄存器
0x020	ADCSSPRI	R/W	0x0000 3210	ADC 采样序列发生器优先级寄存器
0x024	ADCSPC	R/W	0x0000 0000	ADC 采样相位控制寄存器
0x028	ADCPSSI	R/W	—	ADC 处理器采样序列启动寄存器
0x030	ADCSAC	R/W	0x0000 0000	ADC 采样平均控制寄存器
0x034	ADCDCISC	R/W1C	0x0000 0000	ADC 数字比较器中断状态及清除寄存器
0x038	ADCCTL	R/W	0x0000 0000	ADC 控制寄存器
0x040	ADCSSMUX0	R/W	0x0000 0000	ADC 采样序列输入复用选择寄存器 0
0x044	ADCSSCTL0	R/W	0x0000 0000	ADC 采样序列控制寄存器 0
0x048	ADCSSFIFO0	RO	—	ADC 采样序列结果 FIFO 寄存器 0
0x04C	ADCSSFSTAT0	RO	0x0000 0100	ADC 采样序列 FIFO 状态寄存器 0
0x050	ADCSSOP0	R/W	0x0000 0000	ADC 采样序列工作寄存器 0
0x054	ADCSSDC0	R/W	0x0000 0000	ADC 采样序列数字比较器选择寄存器 0
0x060	ADCSSMUX1	R/W	0x0000 0000	ADC 采样序列输入复用选择寄存器 1
0x064	ADCSSCTL1	R/W	0x0000 0000	ADC 采样序列控制寄存器 1
0x068	ADCSSFIFO1	RO	—	ADC 采样序列结果 FIFO 寄存器 1
0x06C	ADCSSFSTAT1	RO	0x0000 0100	ADC 采样序列 FIFO 状态寄存器 1
0x070	ADCSSOP1	R/W	0x0000 0000	ADC 采样序列工作寄存器 1
0x074	ADCSSDC1	R/W	0x0000 0000	ADC 采样序列数字比较器选择寄存器 1
0x080	ADCSSMUX2	R/W	0x0000 0000	ADC 采样序列输入复用选择寄存器 2
0x084	ADCSSCTL2	R/W	0x0000 0000	ADC 采样序列控制寄存器 2
0x088	ADCSSFIFO2	RO	—	ADC 采样序列结果 FIFO 寄存器 2
0x08C	ADCSSFSTAT2	RO	0x0000 0100	ADC 采样序列 FIFO 状态寄存器 2
0x090	ADCSSOP2	R/W	0x0000 0000	ADC 采样序列工作寄存器 2
0x094	ADCSSDC2	R/W	0x0000 0000	ADC 采样序列数字比较器选择寄存器 2
0x0A0	ADCSSMUX3	R/W	0x0000 0000	ADC 采样序列输入复用选择寄存器 3
0x0A4	ADCSSCTL3	R/W	0x0000 0002	ADC 采样序列控制寄存器 3
0x0A8	ADCSSFIFO3	RO	—	ADC 采样序列结果 FIFO 寄存器 3

（续表）

偏移量	寄存器名称	类型	复位值	寄存器描述
0x0AC	ADCSSFSTAT3	RO	0x0000 0100	ADC 采样序列 FIFO 状态寄存器 3
0x0B0	ADCSSOP3	R/W	0x0000 0000	ADC 采样序列工作寄存器 3
0x0B4	ADCSSDC3	R/W	0x0000 0000	ADC 采样序列数字比较器选择寄存器 3
0xD00	ADCDCRIC	R/W	0x0000 0000	ADC 数字比较器复位启动条件寄存器
0xE00	ADCDCCTL0	R/W	0x0000 0000	ADC 数字比较器控制寄存器 0
0xE04	ADCDCCTL1	R/W	0x0000 0000	ADC 数字比较器控制寄存器 1
0xE08	ADCDCCTL2	R/W	0x0000 0000	ADC 数字比较器控制寄存器 2
0xE0C	ADCDCCTL3	R/W	0x0000 0000	ADC 数字比较器控制寄存器 3
0xE10	ADCDCCTL4	R/W	0x0000 0000	ADC 数字比较器控制寄存器 4
0xE14	ADCDCCTL5	R/W	0x0000 0000	ADC 数字比较器控制寄存器 5
0xE18	ADCDCCTL6	R/W	0x0000 0000	ADC 数字比较器控制寄存器 6
0xE1C	ADCDCCTL7	R/W	0x0000 0000	ADC 数字比较器控制寄存器 7
0xE40	ADCDCCMP0	R/W	0x0000 0000	ADC 数字比较器范围寄存器 0
0xE44	ADCDCCMP1	R/W	0x0000 0000	ADC 数字比较器范围寄存器 1
0xE48	ADCDCCMP2	R/W	0x0000 0000	ADC 数字比较器范围寄存器 2
0xE4C	ADCDCCMP3	R/W	0x0000 0000	ADC 数字比较器范围寄存器 3
0xE50	ADCDCCMP4	R/W	0x0000 0000	ADC 数字比较器范围寄存器 4
0xE54	ADCDCCMP5	R/W	0x0000 0000	ADC 数字比较器范围寄存器 5
0xE58	ADCDCCMP6	R/W	0x0000 0000	ADC 数字比较器范围寄存器 6
0xE5C	ADCDCCMP7	R/W	0x0000 0000	ADC 数字比较器范围寄存器 7

注：寄存器具体定义详见 LM3S9B96_DATASHEET 文档

12　ARM Cortex-M3 内部
集成电路接口 (I2C)

内部集成电路 (I2C) 采用两根线的设计 (一根串行数据线 SDA 和一根串行时钟线 SCL) 来提供双向的数据传输。并连接到外部的 I2C 设备如串行存储器 (RAM 和 ROM)、网络设备、LCD、音频发生器等。I2C 总线也被用在产品的开发和生产过程中作为系统测试和诊断。LM3S9B96 具有两个 I2C 模块来与其他的 I2C 设备进行交互 (包括发送数据和接收数据)。

(1) Stellaris® LM3S9B96 包含的两个 I2C 模块具有如下特性在 I2C 总线上的设备可以被设计为主机或从机。

　　　　— 在主机或从机模式下都支持发送和接受数据

　　　　— 支持它们作为主机和从机的同步操作

(2) 四种 I2C 的模式。

　　　　— 主机传送

　　　　— 主机接收

　　　　— 从机传送

　　　　— 从机接收

(3) 两种传输速度：标准 (100kbps) 和快速 (400kbps)。

(4) 主机和从机产生中断。

　　　　— 主机因为传送或接收数据结束 (或者是因为错误而取消) 产生中断

　　　　— 从机在主机向其发送数据或发出请求时，或检测到 START 或 STOP 信号时
　　　　　产生中断

(5) 主机带有仲裁和时钟同步功能，支持多主机以及 7 位寻址模式。

12.1 结构图

I2C 模块结构如图 12-1 所示。

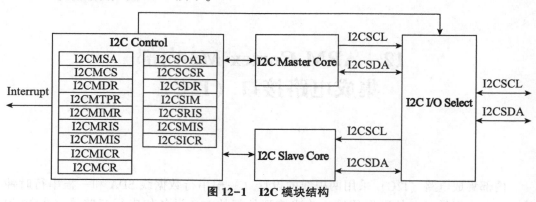

图 12-1 I2C 模块结构

12.2 引脚信号描述

表 12-1 列出了 I2C 接口的外部引脚，并且逐一描述了它们的功能。I2C 接口的引脚是一些 GPIO 引脚的备用功能，并且复位时默认为 GPIO 功能。但是 I2C0SCL 和 I2C0SDA 引脚除外，它俩默认的位 I2C 功能。在表 12-1 中"引脚复用/分配"一列中列出了 I2C 可以使用的 GPIO 引脚。GPIO 备用功能选择（GPIOAFSEL）寄存器中的 AFSEL 位必须置位才能使用 I2C 功能。后面括号中的数字是要使用 I2C 功能 GPIO 控制寄存器（GPIOCTL）相应的 PMCn 位域里的编码值。

> **注意：** I2C 引脚必须设置为开漏，即将 GPIO 开漏选择寄存器（GPIOODR）里相应的位置位。配置 GPIO 更多的信息请见"通用输入/输出端口"一章。

表 12-1 I2C 的引脚（100LQFP）

引脚名称	编号	引脚复用/分配	引脚类型	缓冲类型[a]	描述
I2C0SCL	72	PB2（1）	I/O	OD	I2C 模块 0 时钟线
I2C0SDA	65	PB3（1）	I/O	OD	I2C 模块 0 数据线
I2C1SCL	14	PJ0（11）	I/O	OD	I2C 模块 1 时钟线
	19	PG0（3）			
	26	PA0（8）			
	34	PA6（1）			
I2C1SDA	18	PJ1（11）	I/O	OD	I2C 模块 1 数据线
	27	PG1（3）			
	35	PA1（8）			
	87	PA7（1）			

a：标有 TTL 的表明该引脚兼容 TTL 电平

158

12.3　功能描述

每一个 I2C 模块由主机和从机两个模块组成,这两个功能均可作为独立的外设来实现。对于正确的操作,SDA 和 SCL 管脚必须连接到双向的开漏引脚。典型的 I2C 配置如图 12-2 所示。

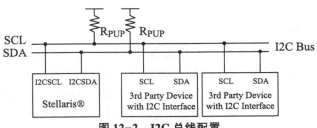

图 12-2　I2C 总线配置

12.3.1　I2C 总线功能概述

I2C 总线只有两根线:SDA 和 SCL,在 Stellaris® 控制器上被命名为 I2CSDA 和 I2CSCL。SDA 是双向的串行数据线,SCL 是双向的串行时钟线。当两根线都处于高电平的时候,总线处于空闲状态。

在 I2C 总线上的每一次传输包含 9 位,包含 8 个数据位和一个应答位。每次传输的字节数(从一个有效的起始条件开始到一个有效的结束条件为止的时间)是没有限制的。但是每个字节后面都要跟一个应答位,并且必须先传输数据的 MSB 位。当接收器不能完整接收另一个字节时,它可以保持时钟线 SCL 为低电平,并迫使发送器进入等待状态。当接收器释放了时钟线 SCL 的时候,数据传输得以继续进行。

12.3.1.1　起始和停止条件

I2C 总线协议定义了两种状态来启动和停止传输:开始和结束。当 SCL 为高电平时,SDA 线由高到低的跳变被定义为开始信号;当 SCL 为高电平的时候,SDA 线由低到高的跳变被定义为结束信号。总线在起始条件之后被视为忙状态,在停止条件之后被视为空闲(free)状态,见图 12-3。

图 12-3　开始和结束条件

STOP 位决定了是结束数据传输周期还是重新开始一个开始条件。要生成一个单一的传输周期,要在 I2C 主从机地址寄存器(I2CMSA)写入所需的地址,将 R/S 位清零,并且还要控制寄存器写入 ACK = X(0 或 1),STOP = 1,START = 1,RUN = 1 来执行操作和停止。当操作结束(或因错误而中止),中断引脚变得活跃,此时可以从

I2CMDR 寄存器读取数据。当 I2C 模块处于主机接收模式的时候，通常将 ACK 位置位，这样，在每个字节后 I2C 总线控制器都会自动传输一个应答信号。当主机不再需要从机传输数据的时候，该位必须清零。

在处于从机模式的时候，I2CSRIS 寄存器里的两位指示了检测 I2C 总线上的开始和停止条件，而 I2CSMIS 寄存器里的两位则允许开始和停止条件向控制器提交中断（如果中断被使能的话）。

12.3.1.2 带有 7 位地址的数据格式

数据的传输格式如图 12-4 所示，开始条件之后，接着传输从机地址。地址共有 7 位，紧跟着的第 8 位是数据传输方向为（I2CMSA 寄存器的 R/S 位）。如果 R/S 位是 0，表明它是一个传输操作（发送），如果 R/S 位为 1 则表明它是一个需要数据（接收）。数据传输总是由主机生成一个停止条件终止的，然而，主机可以在没有产生停止信号的时候，通过再产生一个开始信号和总线上另一个设备的地址，来与另一个设备通信。因此，在一次传输过程中可能会存在各种不同组合的接收/发送格式。

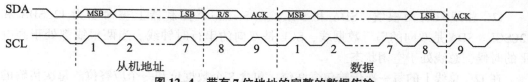

图 12-4　带有 7 位地址的完整的数据传输

第一个字节的前 7 位构成了从机的地址（图 12-5），第八位决定数据传输的方向。R/S 位的值为 0 意味着主机将会传输（发送）数据给选定的从机，如果该位的值为 1 则表明主机将要从从机那接收数据。

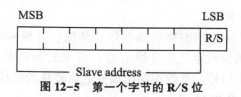

图 12-5　第一个字节的 R/S 位

12.3.1.3 数据有效性

在时钟的高电平期间，SDA 线上的数据必须稳定。数据线上的数据只有在时钟线为低电平的时候才能改变，见图 12-6。

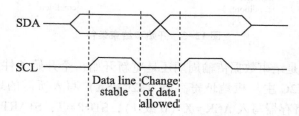

图 12-6　在 I2C 总线的位传输过程中的数据有效性

12.3.1.4　应答

总线上所有传输都要带有应答时钟周期，该时钟周期由主机产生。发送器（可以是主机或从机）在应答周期过程中释放 SDA 线，即 SDA 为高电平。为了响应传输，接收器必须在应答时钟周期过程中拉低 SDA。接收器在应答周期过程中发出的数据必须符合"数据有效性"中说明的数据有效性的要求。

当从机不能响应从机地址时，从机必须将 SDA 线保持在高电平状态，使得主机可产生停止条件来中止当前的传输。如果主机在传输过程中用作接收器，那么它有责任应答从机发出的每次传输。由于主机控制着传输中的字节数，因此它通过在最后一个数据字节上不产生应答来向从机发送器指示数据的结束。然后从机发送器必须释放 SDA 线，以便主机可以产生停止条件或重复起始条件。

12.3.1.5　仲裁

只有在总线空闲时，主机才可以启动传输。在起始条件的最少保持时间内，两个或两个以上的主机都有可能产生起始条件。在这些情况下，当 SCL 为高电平时仲裁机制在 SDA 线上产生。在仲裁过程中，第一个竞争的主机在 SDA 上设置"1"（高电平），而另一个主机发送"0"（低电平），则发送"1"的这个主机将关闭其数据输出阶段并退出直至总线再次空闲。

仲裁可以在多个位上发生。仲裁的第一个阶段是比较地址位，如果两个主机都试图寻址相同的器件，则仲裁继续比较数据位。

12.3.2　可用的速度模式

I2C 总线可以运行在普通模式（100kbps）和快速模式（400kbps）。所选的模式必须和总线上的其他 I2C 设备相匹配。选择速度模式是由 I2C 主定时器周期寄存器（I2C MTPR）里的值决定的，该值决定了 SCL 的速率是标准的 100kbps，还是快速的 400kbps。

I2C 时钟速率由这四个值决定的 CLK_PRD、TIMER_PRD、SCL_LP 和 SCL_HP：

CLK_PRD 系统时钟周期 SCL_LP

SCL 时钟的低电平阶段（固定为 6）

SCL_HP SCL 时钟的高电平阶段（固定为 4）

TIMER_PRD　I2C MTPR 寄存器里设定的值 I2C

时钟周期按如下计算：

SCL_PERIOD = 2× （1+TIMER_PRD）× （SCL_LP+SCL_HP）× CLK_PRD

例如：

CLK_PRD = 50ns

TIMER_PRD = 2

SCL_LP = 6

SCL_HP = 4

产生的 SCL 频率是：

1/SCL_PERIOD = 333khz

表 12-2 给出了在不同系统时钟速率下，产生标准和快速 SCL 频率所需的定时器周期的实例。

表 12-2　I2C 主定时器不同速率模式的实例

系统时钟	定时器周期	标准模式	定时器周期	快速模式
4MHz	0x01	100kbps	—	—
6MHz	0x02	100kbps	—	—
12.5MHz	0x06	89kbps	0x01	312kbps
16.7MHz	0x08	93kbps	0x02	278kbps
20MHz	0x09	100kbps	0x02	333kbps
25MHz	0x0C	96.2kbps	0x03	312kbps
33MHz	0x10	97.1kbps	0x04	330kbps
40MHz	0x13	100kbps	0x04	400kbps
50MHz	0x18	100kbps	0x06	357kbps
80MHz	0x27	100kbps	0x09	400kbps

12.3.3　中断

I2C 在发生下列事件时可以产生中断：主机传输完毕、主机仲裁丢失、主机发送错误、从机接收完成、从机请求传输、总线检测到结束条件、总线检测到开始条件。

I2C 主机和 I2C 从机具有独立的中断信号。然而两种模式下都能因为多种情况产生中断，但只有一个中断信号进入中断控制器。

12.3.3.1　I2C 主机中断

I2C 主机模式在传输完毕（包括发送和接收）会产生中断，当仲裁丢失或传输过程中发生错误也都会产生中断。要使能 I2C 主机的中断，软件必须将 I2C 主机中断屏蔽寄存器（I2CMIMR）里的 IM 位置位。当中断发生时，软件必须检测 I2C 主机控制/状态寄存器（I2CMCS）里的 ERROR 和 ARBLST 位，来验证在过去的传输过程中没有发生错误，并确保仲裁没有丢失。如果最后的应答信号不是由从机发出，则可断定有错误发生。如果没有检测到错误的发生，并且主机没有丢失仲裁，应用成员就可以处理传输。可以向主机中断清除寄存器（I2CMICR）的 IC 位写入 1 来清除中断。如果应用程序不需要中断，那么原始的中断状态总是可以从 I2C 主机原始中断状态寄存器（I2CMRIS）看到。

12.3.3.2　I2C 从机中断

从机模式可以在已接收完数据或是需要从主机接收数据的时候产生中断。通过将

I2C 从机中断屏蔽寄存器（I2CSIMR）的 DATAIM 位置位来使能从机中断。软件通过检查 I2C 从机控制/状态寄存器（I2CSCSR）的 RREQ 和 TREQ 位来决定模块是否应该从 I2C 数据寄存器（I2CSDR）写入（发送）或读取（接收）数据。如果从机模块处于接收状态，并且已经从发送器接收到了第一个字节，则 FBR 和 RREQ 位一起置位。通过向 I2C 中断清除寄存器（I2CSICR）的 DATAIC 位置位来清除中断。

另外，从机模式时，在检测到开始和结束信号的时候也可以产生中断。要使能这些中断，需要将 I2C 中断屏蔽寄存器（I2CSIMR）的 STARTIM 和 STOPIM 位置位，并且要向 I2C 中断清除寄存器（I2CSICR）的 STOPIC 和 STARTIC 位写 1 来清除中断中断标志。

如果应用程序不需要中断，那么原始的中断状态总是可以从 I2C 从机原始中断状态寄存器（I2CSRIS）看到。

12.3.4　回送操作

该 I2C 模块可放置到内部回送模式以用于诊断或调试工作。这通过置位 I2C 主机配置寄存器（I2CMCR）的 LPBK 位来完成。在回送模式中，主机和从机模块的 SDA 和 SCL 信号结合在一起。

12.3.5　命令序列流程图

下面将详细介绍作在主机和从机模式下执行各种 I2C 传输类型的步骤。

12.3.5.1　I2C 主机命令序列

图 12-7 至图 12-12 展示了作为 I2C 主机可用的命令序列。

12.3.5.2　I2C 从机命令序列

图 12-13 介绍了 I2C 从机可用的命令序列。

12.4　初始化和配置

下面的例子展示了如何配置 I2C 模块作为主机发送一个字节。这里假设系统时钟为 20MHz。

（1）在系统控制模块里向 RCGC1 寄存器写入 0x0000.1000 来使能 I2C 模块的时钟。

（2）在系统控制模块里向 RCGC2 寄存器写入适当的值来启用相应的 GPIO 模块的时钟。

（3）在 GPIO 模块里，用 GPIOAFSEL 寄存器使能相关引脚的备用功能。

（4）使能 I2C 引脚的开漏。

（5）配置 GPIOPCTL 寄存器的 PMCn 位域来使能引脚的 I2C 功能。

（6）向 I2CMCR 寄存器写入 0x0000.0010 来初始化 I2C 主机。

（7）向 I2CMTPR 寄存器写入正确的值将 SCL 速率设置为 100kbps。写入 I2CMTPR 寄存器的值代表了在一个 SCL 周期内系统时钟的个数。TPR 的值由以下方程决定：

TPR =（System Clock/（2×（SCL_LP+SCL_HP）×SCL_CLK））−1；

TPR =（20MHz/（2 *（6+4）* 100000））−1；

TPR = 9

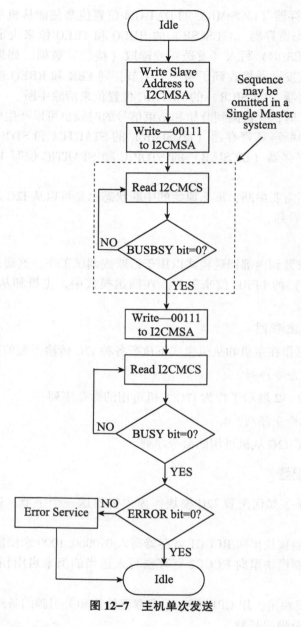

图 12-7　主机单次发送

向 I2CMTPR 寄存器写入 0x0000.0009

（8）给主机指定从机地址，向 I2CMSA 寄存器写入 0x0000.0076，下一个操作时发送。这里是设置从机地址为 0x3B。

（9）向 I2CMDR 寄存器写入需要传送的数据设置数据寄存器中准备发送的数据（字节）。

（10）通过向 I2CMCS 寄存器写入 0x0000.0007 的值来启动从主机到从机一个字节的数据发送（STOP、START、RUN）。

（11）等待，直到传输结束，通过查询 I2CMCS 寄存器的 BUSBSY 位直至它已被清零。

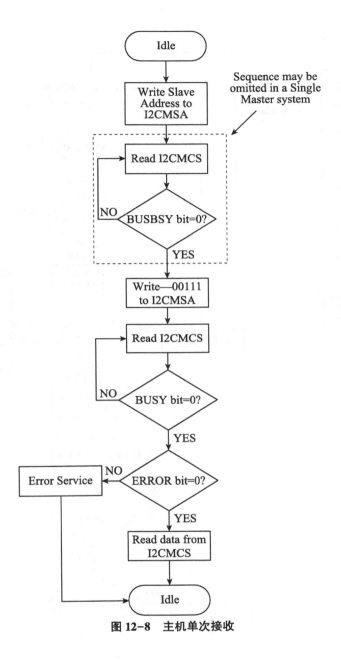

图 12-8　主机单次接收

12.5　寄存器映射

表 12-3 列出了 I2C 的寄存器。所有的寄存器都是以 I2C 的基地址，以十六进制的偏移量递增的顺序排列的。I2C 寄存器的基地址为：

- I2C 主机 0：0x4002.0000
- I2C 从机 0：0x4002.0800
- I2C 主机 1：0x4002.1000

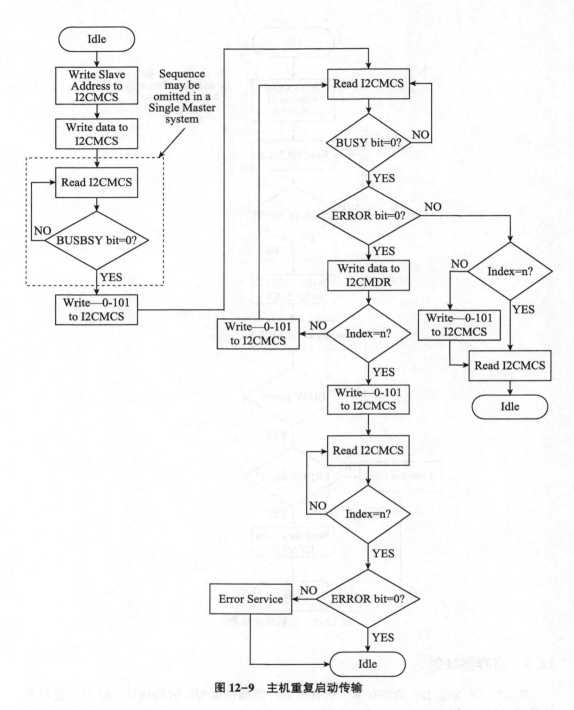

图 12-9　主机重复启动传输

● I2C 从机 1：0x4002.1800

> **注意**：在使用下面这些寄存器之前，应该使能 I2C 模块的时钟。

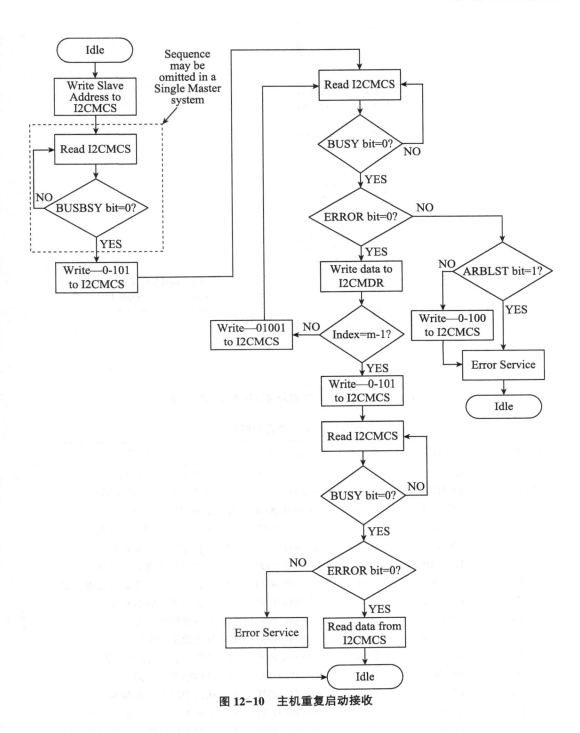

图 12-10　主机重复启动接收

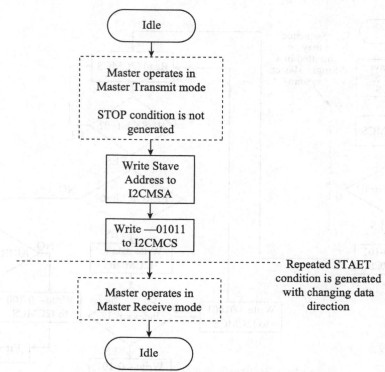

图 12-11　主机在重复启动传输后重复启动接收

表 12-3　I2C 寄存器映射

系偏移量	名称	类型	复位值	描述
0x000	I2CMSA	R/W	0x0000.0000	I2C 主从机地址寄存器
0x004	I2CMCS	R/W	0x0000.0000	I2C 主机控制/状态寄存器
0x008	I2CMDR	R/W	0x0000.0000	I2C 主机数据寄存器
0x00C	I2CMTPR	R/W	0x0000.0001	I2C 主机定时器周期寄存器
0x010	I2CMIMR	R/W	0x0000.0000	I2C 主机中断屏蔽寄存器
0x014	I2CMRIS	RO	0x0000.0000	I2C 主机原始中断状态寄存器
0x018	I2CMMIS	RO	0x0000.0000	I2C 主机屏蔽后的中断状态寄存器
0x01C	I2CMICR	WO	0x0000.0000	I2C 主机中断清除寄存器
0x020	I2CMCR	R/W	0x0000.0000	I2C 主机配置寄存器
0x000	I2CSOAR	R/W	0x0000.0000	I2C 从机地址寄存器
0x004	I2CSCSR	R/W	0x0000.0000	I2C 从机控制/状态寄存器
0x008	I2CSDR	R/W	0x0000.0000	I2C 从机数据寄存器
0x00C	I2CSIMR	R/W	0x0000.0001	I2C 从机中断屏蔽寄存器
0x010	I2CSRIS	R/W	0x0000.0000	I2C 从机原始中断状态寄存器
0x014	I2CSMIS	RO	0x0000.0000	I2C 从机屏蔽后的中断状态寄存器
0x018	I2CSICR	RO	0x0000.0000	I2C 从机中断清除寄存器

备注：寄存器具体定义详见 LM3S9B96_DATASHEET 文档

说明：ARM Cortex-M3 其他的外设资源及其寄存器的具体定义详见 LM3S9B96_DATASHEET 文档

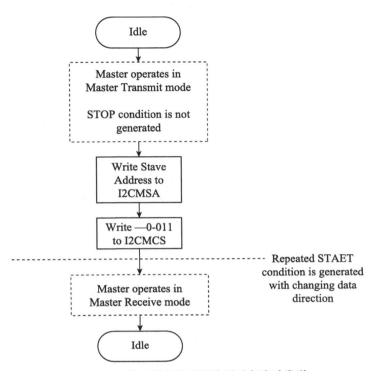

图 12-12 主机重复启动接收后重复启动发送

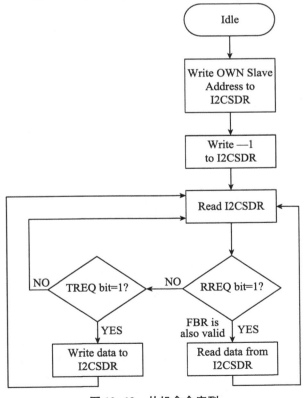

图 12-13 从机命令序列

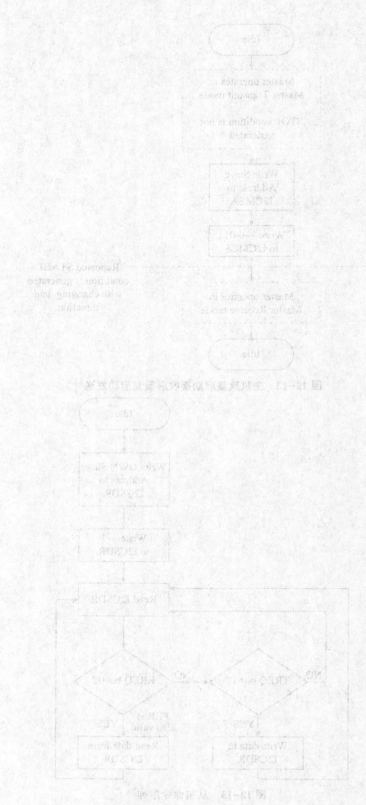

第3篇　项目实施

13 项目硬件实施

研制一种基于物联网的 PM2.5 检测仪。设计并实现了《基于物联网的 PM2.5 监测系统设计》项目的整体功能要求，完成了《基于物联网的 PM2.5 监测系统设计》的整体硬件功能单元的器件选型、原理图设计、硬件电路功能搭建、硬件驱动程序编写、系统软件程序编写、系统软硬件联调，实现了《基于物联网的 PM2.5 监测系统设计》的预期功能。

完成项目的预期目标。

（1）选择符合方案要求的处理器。考虑到 PM2.5 检测仪的精确性和测量的实时性，综合目前各种处理器的特点和性能，选择处理速度较高的 Cortex M3 处理器，为方便扩展其所需的其他硬件资源，应充分掌握和使用所选 Cortex M3 的外设资源，易于和便于硬件接口。为此，本课题选择 CPU 处理速度高达 80MHz 的 LM3S9B96 处理器芯片，ARM Cortex-M3 是一个 32 位处理器内核，M3 采用哈佛结构，拥有独立的指令总线和数据总线，取指与数据访问并行。此芯片内部集成微型直接存储器访问外设（μDMA）、通用输入/输出端口（GPIOs）、片外设备接口（EPI）、通用定时器（Timer）、看门狗定时器（Watchdog Timers）、模-数转换器（ADC）、通用异步收发器（UART）、同步串行接口（SSI）、内部集成电路接口（I2C）、内部集成电路音频接口（I2S）、控制器局域网模块（CAN）、以太网控制器、通用串行总线控制器（USB）、模拟比较器、脉宽调试器（PWM）、正交编码接口（QEI）等丰富外设，为硬件外围电路设计提供了强大支撑。此外，LM3S9B96 芯片采用双电压供电，VDD（+3.3V）为 I/O 及部分逻辑供电的电源正端，VDDC（+1.2V）核电压为主要的逻辑部分（包括处理器内核以及大部分片上外设）供电的电源正端。CPU 选型后，对主控 CPU 的核心电路进行设计。

（2）选择精度高的 PM2.5 传感器。《基于物联网的 PM2.5 监测系统设计》项目中，PM2.5 参数是系统监测的核心大气环境参数，故 PM2.5 传感器的选项至关重要，通过前期针对不同型号 PM2.5 传感器采集转换的 PM2.5 浓度值实验，本项目最后选用 PMS70XX 系列数字式通用颗粒物浓度传感器。本传感器采用激光散射原理。即令激光照射在空气中的悬浮颗粒物上产生散射，同时在某一特定角度收集散射光，得到散射光强随时间变化的曲线。进而微处理器利用基于米氏（MIE）理论的算法，得出颗粒物的等效粒径及单位体积内不同粒径的颗粒物数量，上述 PM2.5 传感器与 LM3S9B96 芯片的 UART 串口 0 相接，实现 LM3S9B96 芯片与 PM2.5 传感器间的数据通信。PM2.5 传感器的工作电压为+5V。

（3）温湿度传感器。温湿度传感器用于检测当前环境的温湿度值；采用 SHT11 温湿度传感器，传感器包括一个电容性聚合体测湿敏感元件、一个用能隙材料制成的测温元件，两者在同一个芯片上，与 14 位的 A/D 转换器以及串行接口电路实现无缝连接。SHT11 温湿度传感器与 LM3S9B96 芯片的 I2C 串行总线 0 相接，实现 LM3S9B96 芯片与 SHT11 温湿度传感器间的数据通信。STH11 温湿度传感器的工作电压为+3.3V。

（4）电子时钟。电子时钟用于同步所在地区实时时间，采用超高精度 I2C 实时时钟（RTC）芯片 DS3232M，带有 236 字节电池备份 SRAM。DS3232M 芯片集成了电池输入，当 DS3232M 芯片主电源断电时可保持精确计时。RTC 提供秒、分、时、星期、日期、月和年信息，自带闰年修正功能；且通过高精度、经过温度补偿的电压基准和比较器电路来监测 VCC 状态，检测电源故障，提供复位输出，并在必要时自动切换到备份电源。利用 LM3S9B96 芯片的 I2C 串行总线 1 与 DS3232M 实时时钟芯片的串行数据接口实现硬件连接，利用电子时钟中的电源监控芯片 MAX708，监视 DS3232M 实时时钟芯片的电源供电，并实现外部供电电源与内部电池供电的电路切换，保证 DS3232M 实时时钟芯片不掉电工作。DS3232M 实时时钟芯片采用+3.3V 电压供电，内部电池供电采用+3V 纽扣电池。

（5）液晶屏显示单元。显示单元选用 TFT 液晶屏，其可配置为触摸屏。本项目选择并口液晶屏，利用 LM3S9B96 处理器的 EPI 接口对其实现硬件控制。

（6）语音播报单元。语音播报单元用于语音播报当前环境的 PM2.5 浓度值、PM10 浓度值、温湿度值及实时时钟；采用高集成度语音合成芯片 XFS5152，可实现中文、英文语音合成，并集成语音编码、解码功能。语音播报单元与 LM3S9B96 芯片的 UART 串口 2 相接，实现 LM3S9B96 芯片与语音芯片 XFS5152 的数据通信。语音播报单元可采用耳机、音箱、扬声器进行声音输出，XFS5152 芯片工作电压为+3.3V。

（7）外部按键触发单元。外部按键触发单元用于语音播报的事件触发按钮，每按一下按键，语音播报器语音播报当前环境的 PM2.5 浓度值、PM10 浓度值、温湿度值及实时时钟；外部按键与 LM3S9B96 芯片的一个通用输入输出 GPIO 引脚相连，此 GPIO 引脚通过上拉电阻与+3.3V 电压相连。

（8）级别警戒灯单元。级别警戒灯单元具有红色 LED 灯、黄色 LED 灯和绿色 LED 灯。用级别警戒灯对 PM2.5 含量所对应的级别进行警示，当 PM2.5 浓度达到警示级别时对应的 LED 灯亮起。绿色 LED 灯表示当前空气质量为优，黄色 LED 灯表示当前空气质量为轻度污染，红色 LED 灯表示当前空气质量为严重或重度污染。

（9）软件程序实现。软件程序分两部分：①项目驱动程序编写：系统选用 KEIL4 集成开发环境，支持汇编、C、C++等语言编程，汇编语言编写程序代码执行效率高，但汇编语言可读性差、修改困难、不易程序的移植。C 语言作为高级应用语言，通俗、易懂、编写简单、易修改、易移植，故该项目在软件程序编写时，采用 C 语言编程为主，汇编语言编程为辅的方法，使程序在修改移植、执行效率等方面达到最佳方案。②系统软件程序编写：各驱动程序的整合，系统软件整体控制功能的代码编写。

（10）程序固化。《基于物联网的 PM2.5 监测系统设计》的硬件功能、软件编写工作完成后，我们要考虑程序脱离仿真环境该如何运行，这时我们需要做的工作就是代码的优化，将程序代码经过程序员程序优化和编译器优化后，使程序生成的最终代码执行效率达到最优，占用尽可能少的存储空间。准备工作完成后，要考虑这些最终代码要怎样存放到 FLASH 存储器中，存放后，系统该如何在脱离仿真环境脱机运行？这时，研发人员要考虑处理器如何在系统上电时自动运行程序，我们把处理器实现系统上电运行程序的功能称作 boot。LM3S9B96 处理器具有片内 FLASH 存储器，选用 KEIL4 集成开发环境集成的 FLASH 烧写器进行程序的烧写固化，实现程序的脱机运行，为设备的产品化奠定基础。

项目研究技术路线图如图 13-1 所示。

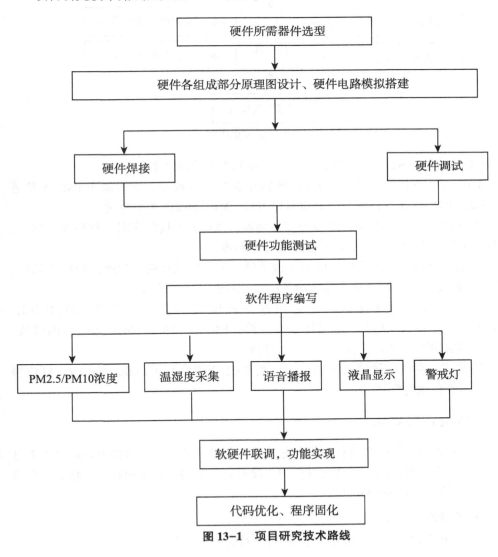

图 13-1　项目研究技术路线

13.1 系统整体组成框图

《基于物联网的 PM2.5 监测系统设计》的主要硬件组成单元：LM3S9B96 核心处理器单元、PM2.5 传感器单元、温湿度传感器单元、电子时钟单元、液晶屏显示单元、外部事件触发单元、语音实时播报单元、红色预警单元、电源单元、其他单元等。系统的整体组成框图如图 13-2 所示。

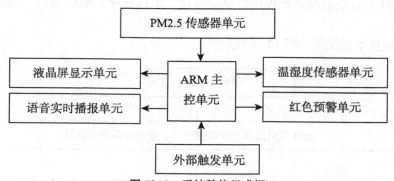

图 13-2　系统整体组成框

《基于物联网的 PM2.5 监测系统设计》实现的主要功能如下。

（1）PM2.5 浓度检测。采用 ARM 处理器作为中央处理器，选用激光 PM2.5 传感器进行 PM2.5 浓度的实时检测，同时也可以进行 PM10 浓度的实时检测。

（2）温湿度检测。采用 STH11 温湿度传感器，进行温湿度的实时采样转换，同时，在湿度检测中加入温度补偿，提高了湿度检测的精度。

（3）液晶屏显示。采用并行接口 TFT 液晶屏，可配置成触摸屏功能，PM2.5 浓度、PM10 浓度、温度值、湿度含量等参数均通过液晶屏进行实时显示。

（4）语音播报。语音播报单元采用高集成度的语音合成芯片 XFS5152CE，XFS5152CE 通过串口与 ARM 芯片实现硬件连接，PM2.5 浓度、PM10 浓度、温度值、湿度含量等参数均可通过语音芯片进行实时播报。

（5）警戒灯。空气质量警戒级别显示，当 PM2.5 浓度大于 $200\mu g/m^3$ 时，红色警戒灯进行雾霾红色预警警戒。

13.2 ARM 处理器单元

此单元实施解析：选择具有扩展硬件芯片接口的处理器为宜，这样可以简化外围电路，便于快速实现硬件控制，节省硬件空间，没有冗余电路。在本项目中，核心处理器选择 Stellaris 公司的 LM3S9B96 芯片。

13.2.1 LM3S9B96 处理器

Stellaris 公司的 LM3S9B96 芯片的主要特性包括如下方面。

（1）ARM® Cortex-M3 处理器核心。

— 80MHz 运行速度，性能 100DMIPS

— ARM Cortex 系统滴答定时器（SysTick）

— 集成嵌套向量中断控制器（NVIC）

（2）片上存储器。

— 256kB 单周期 Flash 存储器，速度可达 50MHz；50MHz 以上采用预取指技术改善性能

— 96kB 单周期 SRAM

— 装有 StellarisWare® 软件包的内部 ROM

- Stellaris® 外设驱动库
- Stellaris® 引导装载程序
- SafeRTOS™ 核心
- 高级加密标准（AES）密码表
- 循环冗余检验（CRC）错误检测功能

（3）片外设备接口（EPI）。

— 8/16/32 位外部设备专用并行总线

— 支持 SDRAM、SRAM/Flash memory、FPGAs、CPLDs

（4）高级串行通信集成。

— 硬件支持 IEEE 1588 PTP 的集成 MAC 和 PHY 的 10/100 以太网

— 两路 CAN 2.0 A/B 控制器

— USB 2.0 OTG/Host/Device

— 三路支持 IrDA 和 ISO 7816 的 UART（其中一路带有完全调制解调器控制的 UART）

— 两路 I2C 模块

— 两路同步串行接口模块（SSI）

— 内部集成电路音频（I2S）接口模块

（5）系统集成。

— 直接存储器访问控制器（DMA）

— 系统控制和时钟，包括片上的 16MHz 精密振荡器

— 4 个 32 位定制器（可用作 8 个 16 位），具有实时时钟能力

— 8 个捕获/比较/PWM 管脚（CCP）

— 2 个看门狗定时器

- 1 个定时器使用主时钟振荡器
- 1 个定时器使用内部时钟振荡器

— 多达 65 个 GPIO 口，具体数目取决于配置

- 高度灵活的管脚复用，可配置为 GPIO 或任一外设功能
- 可独立配置的 2mA、4mA 或 8mA 端口驱动能力
- 高达 4 个 GPIO 具有 18mA 驱动能力

（6）高级电机控制。

— 8 路高级 PWM 输出，可用于电机和能源应用

    — 4 个 fault 输入，可用于低延时的紧急停机

    — 2 个正交编码输入（QEI）

（7）模拟。

    — 2 个 10 位模数转换器（ADC），具有 16 个模拟输入通道，采样率 1 000 k 次/秒

    — 3 个模拟比较器

    — 16 个数字比较器

    — 片上电压稳压器

（8）JTAG 和 ARM 串行线调试（SWD）。

（9）100 脚 LQFP 和 108 脚 BGA 封装。

（10）工业（−40~85℃）温度范围。

    LM3S9B96 微控制器针对工业应用设计，包括远程监控、电子贩售机、测试和测量设备、网络设备和交换机、工厂自动化、HVAC 和建筑控制、游戏设备、运动控制、医疗器械以及火警安防。

    另外，LM3S9B96 微控制器的优势还在于能够方便的运用多种 ARM 的开发工具和片上系统（SoC）的底层 IP 应用方案，以及广大的用户群体。另外，该微控制器使用了兼容 ARM 的 Thumb®指令集的 Thumb2 指令集来减少存储容量的需求，并以此达到降低成本的目的。最后，LM3S9B96 微控制器与 Stellaris®系列的所有成员是代码兼容的，这为用户提供了灵活性，能够适应各种精确的需求。

13.2.2　LM3S9B96 处理器单元硬件设计

    LM3S9B96CPU 核心处理器单元硬件设计主要包括如下几部分：①电源电路。②时钟电路。③复位电路。④JTAG 仿真接口。⑤SDRAM 单元。⑥ZigBee RF1 接口单元。⑦SENSOR1接口单元。

    LM3S9B96 CPU 系统硬件原理框图如图 13-3 所示。

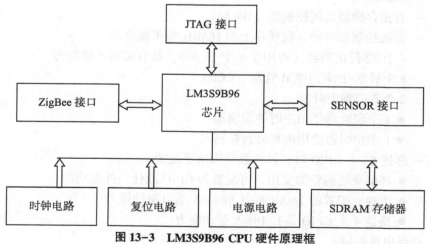

图 13-3　LM3S9B96 CPU 硬件原理框

（1）电源电路。对于任何一个电气系统来说，电源是不可缺少的部分，电源电路是设计 LM3S9B96 CPU 系统的第一步，电源电路的正常工作是保证 LM3S9B96 正常工作的关键。LM3S9B96 芯片内部一般需要 CPU 内核电源、外设电源、I/O 电源、PLL（phase locked loop）电源，使用的芯片类型不同，其 CPU 内核电源、I/O 电源所需的电压也有所不同，DSP 应用电路系统一般为多电源系统。其中，LM3S9B96 为双电压供电芯片，CPU 和外设供电电压为 1.2V，I/O 通用接口供电电压为 3.3V。在设计时，要考虑到 LM3S9B96 芯片双电压供电的特点，电源电路中需要提供两路电压：1.2V 和3.3V。LM3S9B96 电源单元+3.3V 电路如图 13-4 所示，LM3S9B96 电源单元+1.2V 电路如图 13-5 所示。

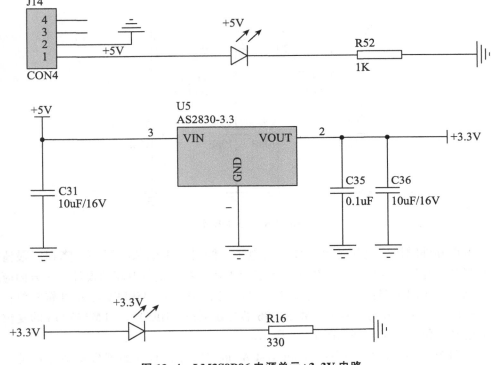

图 13-4　LM3S9B96 电源单元+3.3V 电路

（2）时钟电路。时钟电路是 LM3S9B96 处理数字信息的基础，同时它也是产生电磁辐射的主要来源，其性能好坏直接影响到系统是否正常运行，所以时钟电路在数字系统设计中占有至关重要的地位。时钟电路主要有 3 种：晶体电路、晶振电路、可编程时钟芯片电路。该部分主要给 LM3S9B96 提供系统时钟和网络时钟，系统时钟外接晶振为16MHz，可以通过芯片内部的 PLL 倍频，最大支持 80MHz，网络时钟为 25MHz。时钟电路如图 13-6 所示。

（3）复位电路。为保证 LM3S9B96 芯片在电源未达到要求的电平时，不会产生不受控制的状态，必须在系统中加入电源监控和复位电路，该电路确保在系统加电过程中，在内核电压和外围端口电压达到要求之前，LM3S9B96 芯片始终处于复位状态，直

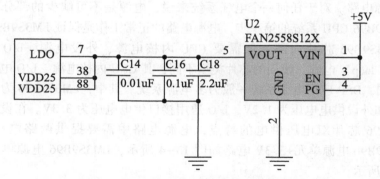

图 13-5　LM3S9B96 电源单元+1.2V 电路

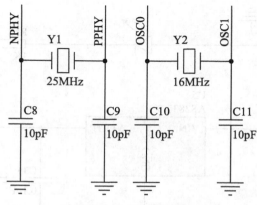

图 13-6　时钟电路

到内核电压和外围接口电压达到所要求的电平。同时如果电源电压一旦降到门限值以下，则强制芯片进入复位状态，确保系统稳定工作。对于复位电路的设计，一方面应确保复位低电平时间足够长（一般需要 20ms 以上），保证 LM3S9B96 芯片可靠复位；另一方面应保证稳定性良好，防止 LM3S9B96 芯片误复位。REST1 是 LM3S9B96 的复位按键，低电平复位，复位电路如图 13-7 所示。

（4）JTAG 仿真接口。JTAG（Joint Test Action Group，联合测试行动小组）是一种国际标准测试协议，主要用于芯片内部测试及对系统进行仿真、测试。JTAG 技术是一种嵌入式调试技术，它在芯片内部封装了专门的测试电路 TAP（Test Access Port，测试访问口），通过专用的 JTAG 测试工具对内部节点进行测试。LM3S9B96 的 JTAG 接口用于连接 ARM 硬件板卡和仿真器，实现仿真器对 LM3S9B96 的实时访问，JTAG 接口的连接需要和仿真器上的接口一致。不同型号的仿真器，其 JTAG 接口都满足 IEEE 1149.1 的标准。

JTAG1 是 LM3S9B96 的下载口，采用标准 20 针的 JTAG 下载口，通过 J-LINK 或 M3-LINK 仿真器对程序下载或仿真，JTAG 电路如图 13-8 所示。

（5）SDRAM 单元。LM3S9B96 通过 EPI 总线外扩了一个 8M 的 SDRAM 存储器，主要用于存储图片的二进制文件。电路如图 13-9 所示。

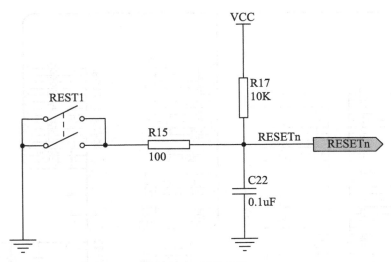

图 13-7　复位电路

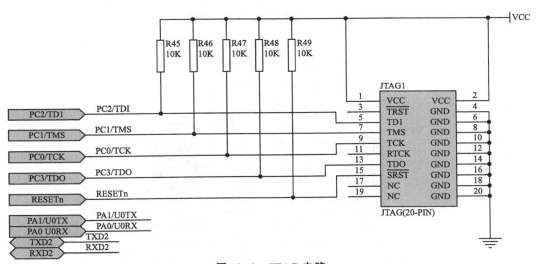

图 13-8　JTAG 电路

（6）ZigBee RF 接口单元。该部分主要是外扩 ZigBee 模块，通过 LM3S9B96 控制，从而实现协调器数据的接收与 ZigBee 的组网，通信方式为 SPI，接口电路如图 13-10 所示。

（7）SENSOR 接口单元。该部分主要是外扩一个传感器接口，通过该接口外扩传感器模块，从而实现传感器数据的采集，控制芯片为 LM3S9B96。电路图如图 13-11 所示。

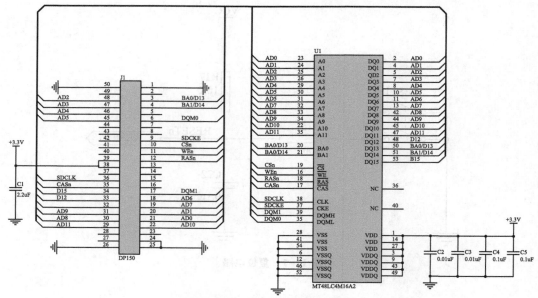

图 13-9 8M SDRAM 单元电路

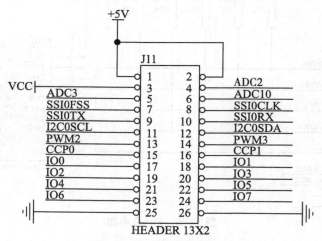

图 13-10 协调器的 ZigBee 接口电路

13.3 PM2.5 传感器单元

13.3.1 PM2.5 传感器

PMS70XX 系列是一款超薄数字式通用颗粒物浓度传感器，可以用于获得单位体积内空气中悬浮颗粒物个数，即颗粒物浓度，并以数字接口形式输出。本传感器可嵌入各种与空气中悬浮颗粒物浓度相关的仪器仪表或环境改善设备，为其提供及时准确的浓度数据。其外形如图 13-12 所示。

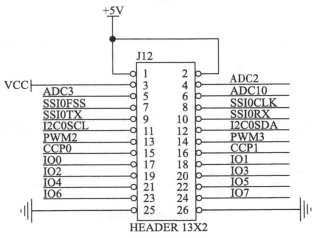

图 13-11　协调器传感器接口电路

图 13-12　PM2.5 传感器外形

13.3.1.1　主要特性

（1）零错误报警率。

（2）实时响应。

（3）数据准确。

（4）最小分辨粒径 0.3μm。

13.3.1.2　工作原理

本传感器采用激光散射原理。即令激光照射在空气中的悬浮颗粒物上产生散射，同时在某一特定角度收集散射光，得到散射光强随时间变化的曲线。进而微处理器利用基于米氏（MIE）理论的算法，得出颗粒物的等效粒径及单位体积内不同粒径的颗粒物数量。传感器各功能部分框图如图 13-13 所示。

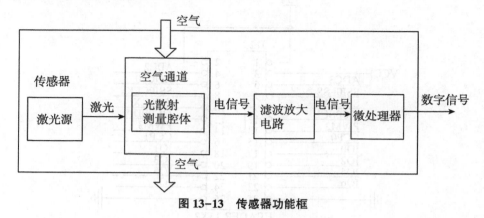

图 13-13　传感器功能框

13.3.1.3　技术指标

技术指标如表 13-1 所示。

表 13-1　PM2.5 传感器技术指标

参数	指标	单位
测量范围	0.3~1.0；1.0~2.5；2.5~10	μm（微米）
计数效率	50%@0.3μm 98%@>=0.5μm	
称准体积	0.1	L（升）
响应时间	≤10	s（秒）
直流供电电压	5.0	V（伏特）
最大工作电流	100	mA（毫安）
待机电流	≤200	mA（微安）
数据接口电平	L0.8@3.3H2.7@3.3	V（伏特）
工作温度范围	-20~50	℃（摄氏度）
工作湿度范围	0~99%	
平均无故障时间	≥3	年
最大尺寸	48×37×12	mm（毫米）

供用户进行二次开发的接口电路引脚定义如表 13-2 所示。

表 13-2　PM2.5 传感器数字接口管脚定义

引脚	引脚描述	功能描述
PN1	VCC	电源正 5V
PN2	VCC	电源正 5V

（续表）

引脚	引脚描述	功能描述
PN3	GND	电源负
PN4	GND	电源负
PN5	RESET	模块复位信号/TTL 电平 @ 3.3V，低复位
PN6	NC	空
PN7	RX	串口接收管脚/TTL 电平 @ 3.3V
PN8	NC	空
PN9	TX	串口发送管脚/TTL 电平 @ 3.3V
PN10	SET	设置管脚/TTL 电平 @ 3.3V，高电平或悬空为正常工作状态，低电平为休眠状态

13.3.2　PM2.5 传感器与 LM3S9B96 处理器硬件接口电路实现

　　PM2.5 传感器与 LM3S9B96 芯片的串口 UART0 进行硬件连接，实现 LM3S9B96 芯片与 PM2.5 传感器间的数据通信。PM2.5 传感器的工作电压为 +5V。其硬件连接如图 13-14 所示。

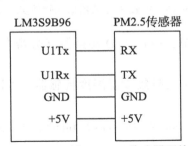

图 13-14　LM3S9B96 与 PM2.5 传感器硬件连接原理

13.3.3　PM2.5 传感器单元的软件实现

　　PM2.5 传感器单元软件实现的流程图如图 13-15 所示。

13.4　温湿度传感器单元

13.4.1　SHT11 芯片特点

　　SHT11 是瑞士 Sensirion 公司推出的一款数字温湿度传感器芯片。该芯片广泛应用于暖通空调、汽车、消费电子、自动控制等领域，其主要特点如下。

　　（1）高度集成，将温度感测、湿度感测、信号变换、A/D 转换和加热器等功能集成到一个芯片上。

　　（2）提供二线数字串行接口 SCK 和 DATA，接口简单，支持 CRC 传输校验，传输可靠性高。

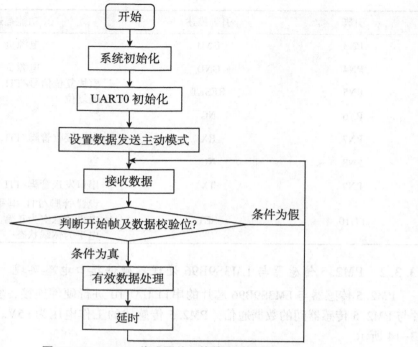

图 13-15　PM2.5 传感器单元软件实现流程

（3）测量精度可编程调节，内置 A/D 转换器（分辨率为 8~12 位，可以通过对芯片内部寄存器编程来选择）。

（4）测量精确度高，由于同时集成温湿度传感器，可以提供温度补偿的湿度测量值和高质量的露点计算功能。

（5）封装尺寸超小（7.62mm×5.08mm×2.5mm），测量和通信结束后，自动转入低功耗模式。

（6）高可靠性，采用 CMOSens 工艺，测量时可将感测头完全浸于水中。

13.4.2　SHT11 引脚功能

SHT11 温湿度传感器采用 SMD（LCC）表面贴片封装形式，接口非常简单，各引脚的功能如下。

（1）脚 1 和脚 4。信号地和电源，其工作电压范围是 2.4~5.5V。

（2）脚 2 和脚 3。二线串行数字接口，其中 DA-TA 为数据线，SCK 为时钟线。

（3）脚 5~8。未连接。

13.4.3　SHT11 内部结构和工作原理

温湿度传感器 SHT11 将温度感测、湿度感测、信号变换、A/D 转换和加热器等功能集成到一个芯片上。该芯片包括一个电容性聚合体湿度敏感元件和一个用能隙材料制成的温度敏感元件。这两个敏感元件分别将湿度和温度转换成电信号，该电信号首先进入微弱信号放大器进行放大；然后进入一个 14 位的 A/D 转换器；最后经过二线串行数字接口输出数字信号。SHT11 在出厂前，都会在恒湿或恒温环境中进行校准，校准系数存储在校准寄存器中；在测量过程中，校准系数会自动校准来自传感器的信号。此外，SHT11 内部还集成了一个加热元件，加热元件接通后可以将 SHT11 的温度升高 5℃左右，同时功耗也会有所增加。此功能主要为了比较加热前后的温度和湿度值，可以综合验证两个传感器元件的性能。在高湿（>95%RH）环境中，加热传感器可预防传感器结露，同时缩短响应时间，提高精度。加热后 SHT11 温度升高、相对湿度降低，较加热前，测量值会略有差异。微处理器是通过二线串行数字接口与 SHT11 进行通信的，需要用通用微处理器 I/O 口模拟该通信时序。

13.4.4　SHT11 芯片的通信时序

13.4.4.1　启动传输时序

"启动传输"时序，来表示数据传输的初始化。当 SCK 时钟高电平时 DATA 翻转为低电平，紧接着 SCK 变为低电平，随后是在 SCK 时钟高电平时 DATA 翻转为高电平。图 13-16 为 SHT11 启动传输时序。

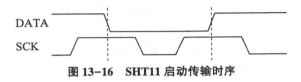

图 13-16　SHT11 启动传输时序

后续命令包含三个地址位（目前只支持"000"），和五个命令位。SHT11 会在第 8 个 SCK 时钟的下降沿之后，将 DATA 下拉为低电平（ACK 位），在第 9 个 SCK 时钟的下降沿之后，释放 DATA（恢复高电平）。

13.4.4.2　测量时序

测量命令 0x05 表示相对湿度 RH，测量命令 0x03 表示温度 T，发送测量命令后，控制器要等待测量结束。这个过程需要大约 20/80/320ms，分别对应 8/12/14bit 测量。具体的延时时间与内部晶振速度有关，最多可能有 ±15% 的变化。SHT11 通过下拉 DATA 至低电平时进入空闲模式，表示测量的结束。控制器在再次触发 SCK 时钟前，必须等待这个"数据准备"信号来读出数据。检测数据可以先被存储，这样控制器可以继续执行其他任务在需要时再读出数据。

接着传输 2 个字节的测量数据和 1 个字节的 CRC 奇偶校验。主控制器需要通过下拉 DATA 为低电平，以确认每个字节。所有的数据从 MSB 开始，右值有效（例如，对于 12bit 数据，从第 5 个 SCK 时钟起算作 MSB；而对于 8bit 数据，首字节则无意义）。

用 CRC 数据的确认位，表明通信结束。如果不使用 CRC-8 校验，控制器可以在测量值 LSB 后，通过保持确认位 ack 高电平，来中止通信。在测量和通信结束后，SHT11 自动转入休眠模式。图 13-17 为 SHT11 的测量时序。

13.4.4.3　通信复位时序

如果与 SHT11 通信中断，图 13-18 的信号时序可以复位串口。

当 DATA 保持高电平时，触发 SCK 时钟 9 次或更多。在下一次指令前，发送一个

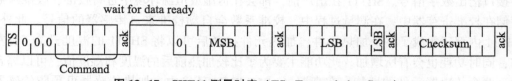

图 13-17　SHT11 测量时序 （TS=Transmission Start）

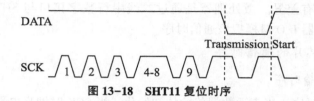

图 13-18　SHT11 复位时序

"传输启动"时序。这些时序只复位串口，状态寄存器内容仍然保留。

13.4.4.4　温度

补偿 SHT11 测量温度的非线性，可直接采用公式（1）得到准确校正的温度值（T）：

$$T=d1+d2 \cdot SO_T \tag{1}$$

式中，T 为 SHT11 输出的温度数据，$d1$，$d2$ 为常数，表 13-3 列出了它们的具体数值。

表 13-3　温度转换系数

V_{DD}/V	$d1$ [℃]	$d2$ [℉]	SO_T	$D1$ [℃]	$d2$ [℉]
5	-40.00	-40.00	14 bit	0.01	0.018
4	-39.75	-39.55			
3.5	-39.66	-39.39	12 bit	0.04	0.072
3	-39.60	-39.28			
2.5	-39.55	-39.19			

13.4.4.5　相对湿度

补偿 SHT11 测量湿度的非线性，可采用公式（2）得到准确校正的湿度值（RH）：

$$RH=c_1+c_2 SO_{RH}+c_3 SO_{RH}^2 \tag{2}$$

式中，SO_{RH} 为 SHT11 输出的湿度数据，c_1、c_2 和 c_3 为常数，可通过表 13-4 查询得到该数值。

表 13-4　湿度转换系数

SO_{RH}	c_1	c_2	c_3
12bit	-4	0.0405	-2.8×10^{-6}
8bit	-4	0.648	-7.2×10^{-4}

13.4.4.6 湿度传感器相对湿度的温度补偿

实际测量温度与 25℃ 相差较大时，需要加入温度补偿，湿度传感器的温度修正系数如表 13-5 所示。公式（3）为湿度传感器相对湿度的温度补偿公式。

$$RH_{true} = （T_℃ - 25） · （t_1 + t_2 · SO_{RH}） + RH_{linear} \qquad （3）$$

式中，$T_℃$ 为 SHT11 所测到的温度数据，单位为℃，SO_{RH} 为输出的湿度数据，RH_{linear} 为已转换好的相对湿度值，t_1 和 t_2 为常数，其值可通过表 13-5 查询得到。

表 13-5 湿度传感器温度修正系数

SO_{RH}	t_1	t_2
12bit	0.01	0.00008
8bit	0.01	0.00128

13.4.5 温湿度传感器与 LM3S9B96 处理器硬件接口电路实现

SHT11 与 LM3S9B96 芯片的硬件实现十分简单，设计中 SHT11 采用外部 3.3V 电源供电，SHT11 的 GND 端与系统的 GND 相连，SHT11 的时钟信号线 SCK、数据线 DATA 分别与 LM3S9B96 芯片的两条 GPIO（通用输入输出）口相连，利用 GPIO 口的双向输入输出特性完成对 SHT11 芯片的读写操作及温湿度的数据转换。本文选用 LM3S9B96 芯片的 GPIO 引脚 I2CSCL、I2CSDA 与 SCK、DATA 分别连接，将 I2CSCL、I2CSDA 引脚配置成通用输入输出功能，实现 SHT11 芯片对温湿度的适时采集。SHT11 与 LM3S9B96 芯片连接的硬件原理如图 13-19 所示。

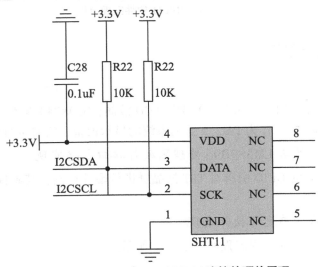

图 13-19 SHT11 与 LM3S9B96 连接的硬件原理

13.4.6 温湿度传感器单元的软件实现

在对 SHT11 进行软件程序编写时，一定要明确 SHT11 芯片的工作时序，只有工作时序满足要求，才能对 SHT11 芯片进行正确的读、写操作。在温湿度数值能够正确转换输出后，根据修正公式对温湿度值进行补偿修正即可。

微处理器采用二线串行数字接口和温湿度传感器芯片 SHT11 进行通信，所以硬件接口设计非常简单；然而，通信协议是芯片厂家自己定义的，所以在软件设计中，需要用微处理器通用 I/O 口模拟通信协议。其软件实现流程如图 13-20 所示。

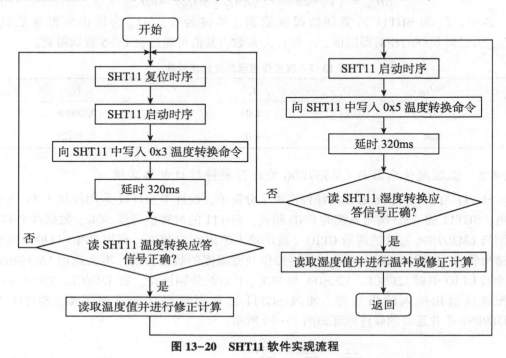

图 13-20　SHT11 软件实现流程

13.5　液晶屏显示单元

13.5.1　TFT 液晶屏

TFT 液晶屏单元采用一个 3.5 寸的 TFT LCD 液晶，320×240 像素，26 万色，（四线电阻屏）支持触摸功能。作为 PM2.5 监测系统的显示设备，实时进行信息显示。

13.5.2　TFT 液晶屏与 LM3S9B96 处理器硬件接口电路实现

利用 LM3S9B96 的 GPIO 引脚对 TFT 液晶屏进行硬件控制，其硬件电路如图 13-21 所示。

13.5.3　TFT 液晶屏单元的软件实现

TFT 液晶屏单元软件实现流程如图 13-22 所示。

13.6　外部事件触发单元

外部事件触发单元利用外部按键实现，外部按键按下，产生低电平，外部事件触发语音播报单元进行环境参数值的实时播报，按键产生的低电平由 LM3S9B96 的 GPIO 引脚 PJ7 进行中断检测，其电路如图 13-23 所示。

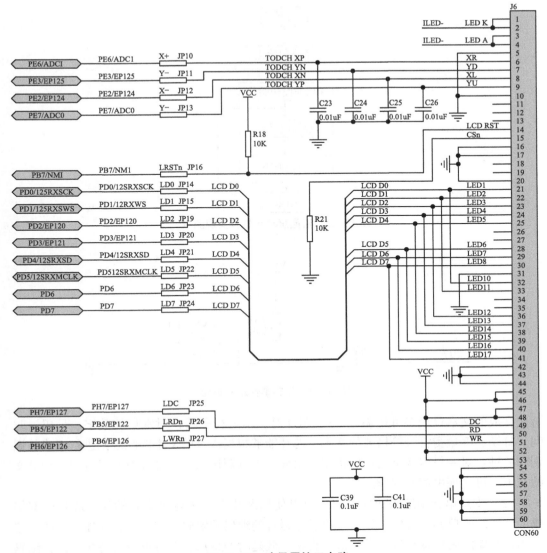

图 13-21 液晶屏接口电路

13.7 语音播报单元

语音播报单元采用科大讯飞公司的 XFS5152CE 芯片。XFS5152CE 是一款高集成度的语音合成芯片，可实现中文、英文语音合成；并集成了语音编码、解码功能，可支持用户进行录音和播放；除此之外，还创新性地集成了轻量级的语音识别功能，支持 30 个命令词的识别，并且支持用户的命令词定制需求。

13.7.1 XFS5152CE 芯片功能描述

（1）支持任意中文文本、英文文本的合成，并且支持中英文混读。芯片支持任意中文、英文文本的合成，可以采用 GB2312、GBK、BIG5 和 UNICODE 四种编码方式。

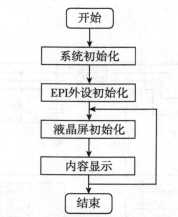

图 13-22　液晶屏单元软件实现流程

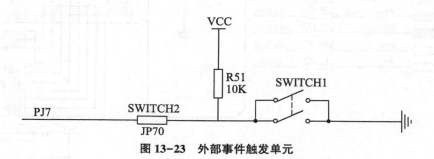

图 13-23　外部事件触发单元

每次合成的文本量最多可达 4k 字节。芯片对文本进行分析，对常见的数字、号码、时间、日期、度量衡符号等格式的文本，芯片能够根据内置的文本匹配规则进行正确的识别和处理；对一般多音字也可以依据其语境正确判断读法；另外针对同时有中文和英文的文本，可实现中英文混读。

（2）支持语音编解码功能。用户可以使用芯片直接进行录音和播放，芯片内部集成了语音编码单元和解码单元，可以进行语音的编码和解码，实现录音和播放功能。芯片的语音编解码具备高压缩率、低失真率、低延时的特点，并且可以支持多种语音编码解码速率。这些特性使它非常适合于数字语音通信、语音存储以及其他需要对语音进行数字处理的场合。如车载微信、指挥中心等。

（3）支持语音识别功能。可支持 30 个命令词的识别。芯片出默认设置的是 30 个车载、预警等行业常用识别命令词。客户如需要更改成其他的识别命令词，可进行命令词定制。

（4）芯片内部集成 80 种常用提示音效。合用于不同场合的信息提示、铃声、警报等功能。

（5）支持 UART、I2C、SPI 三种通信方式。

UART 串口支持 4 种通信波特率可设：4 800 bps、9 600 bps、57 600 bps、115 200 bps，用户可以依据情况通过硬件配置选择自己所需的波特率。

（6）支持多种控制命令。如合成文本、停止合成、暂停合成、恢复合成、状态查询、进入省电模式、唤醒等。控制器通过通信接口发送控制命令可以对芯片进行相应的控制。芯片的控制命令非常简单易用，例如，芯片可通过统一的"合成命令"接口播放提示音和中文文本，还可以通过标记文本实现对合成的参数设置。

（7）支持多种方式查询芯片的工作状态。包括：查询状态管脚电平、通过读芯片自动返回的工作状态字、发送查询命令获得芯片工作状态的回传数据。

13.7.2　XFS5152CE 芯片结构图

XFS5152CE 芯片的系统结构如图 13-24 所示。一般应用中语音合成系统最小系统需要包括：控制器模块、XFS5152CE 芯片、功放模块、喇叭。如果需要使用语音识别功能、或者语音编解码功能，系统中还需要增加麦克风。

语音合成系统中，主控制器和 XFS5152CE 芯片之间可以通过 UART 接口、或者 I2C 接口、或者 SPI 接口连接，控制器可通过上述通信接口向 XFS5152CE 芯片发送控制命令和文本，XFS5152CE 芯片接收到文本后合成为语音信号输出，输出的信号经功率放大器进行放大后连接到喇叭进行播放。用户在使用语音识别功能时，上位机发送启动语音识别功能的命令给语音芯片，芯片把从麦克风采集到的语音数据，通过内部的识别模块进行转换成相应的识别结果，通过通信接口回传给控制器。

用户在使用语音编解码功能时（通信接口必须选择 UART 接口，并且波特率设置为 115 200bps），上位机发送启动编解码的命令给语音芯片，芯片内部的语音编解码模块把采集到的音频数据进行编码并通过 UART 接口实时传送给上位机，或者对上位机传送来的音频数据进行解码并实时播放出来。

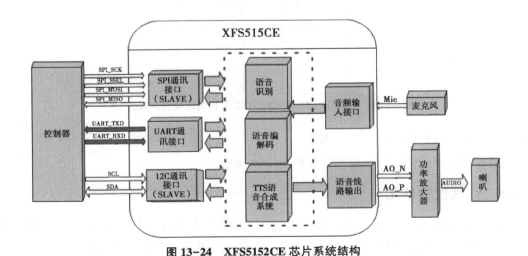

图 13-24　XFS5152CE 芯片系统结构

13.7.3 语音播报单元与 LM3S9B96 处理器硬件接口电路实现

语音播报单元的电路如图 13-25 所示。

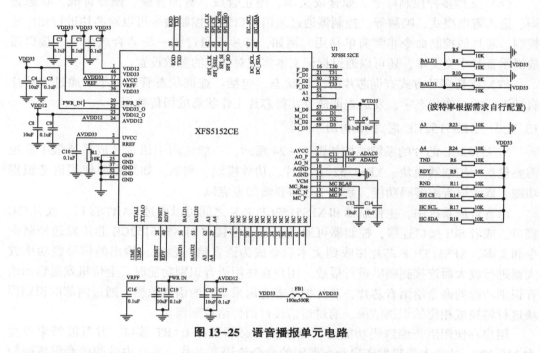

图 13-25　语音播报单元电路

语音播报单元与 LM3S9B96 间通过 UART1 进行通信，其硬件连接如图 13-26 所示。

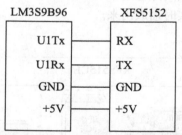

图 13-26　LM3S9B96 与 XFS5152 语音模块硬件连接原理

13.7.4 语音播报单元软件实现

语音播报单元的软件实现流程如图 13-27 所示。

13.8 红色预警单元

红色预警单元主要由 LM3S9B96 的 GPIO 口 PF3 对 LED 小灯的状态进行控制，当 PF3 输出高电平时，LED 小灯点亮，反之，熄灭。其电路如图 13-28 所示。

当 PM2.5 浓度大于 $200\mu g/m^3$ 时，空气质量属于重度污染，红色预警 LED 灯亮，进行雾霾红色预警。

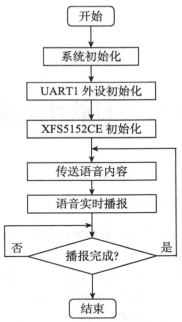

图 13-27　语音播报单元流程

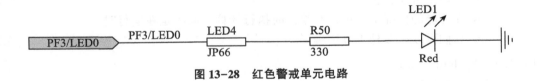

图 13-28　红色警戒单元电路

14　项目软件实施

14.1　Cortex-M3 API 函数大全

Cortex-M3 具有丰富的 API 函数库，方便用户使用，缩短程序开发周期。
驱动程序的功能和组织遵循以下设计目标。

- 除了完全不可能的情况外，它们完全用 C 语言编写
- 它们演示了如何使用外围设备的通用模式
- 它们很容易理解，见名知意
- 它们是合理有效的内存和处理器的使用
- 它们尽可能自包含
- 在可能的情况下，可以在编译时执行计算，而不是在运行时
- 它们可以被多种工具链编译

14.1.1　System Control

系统控制部分的 API 函数包括如下：

- unsigned long SysCtlADCSpeedGet（void）
- void SysCtlADCSpeedSet（unsigned long ulSpeed）
- void SysCtlBrownOutConfigSet（unsigned long ulConfig, unsigned long ulDelay）
- void SysCtlClkVerificationClear（void）
- unsigned long SysCtlClockGet（void）
- void SysCtlClockSet（unsigned long ulConfig）
- void SysCtlDeepSleep（void）
- void SysCtlDelay（unsigned long ulCount）
- unsigned long SysCtlFlashSizeGet（void）
- void SysCtlGPIOAHBDisable（unsigned long ulGPIOPeripheral）
- void SysCtlGPIOAHBEnable（unsigned long ulGPIOPeripheral）
- unsigned long SysCtlI2SMClkSet（unsigned long ulInputClock, unsigned long ul-MClk）
- void SysCtlIntClear（unsigned long ulInts）
- void SysCtlIntDisable（unsigned long ulInts）

- void SysCtlIntEnable（unsigned long ulInts）
- void SysCtlIntRegister（void（＊pfnHandler）（void））
- unsigned long SysCtlIntStatus（tBoolean bMasked）
- void SysCtlIntUnregister（void）
- void SysCtlIOSCVerificationSet（tBoolean bEnable）
- void SysCtlLDOConfigSet（unsigned long ulConfig）
- unsigned long SysCtlLDOGet（void）
- void SysCtlLDOSet（unsigned long ulVoltage）
- void SysCtlMOSCVerificationSet（tBoolean bEnable）
- void SysCtlPeripheralClockGating（tBoolean bEnable）
- void SysCtlPeripheralDeepSleepDisable（unsigned long ulPeripheral）
- void SysCtlPeripheralDeepSleepEnable（unsigned long ulPeripheral）
- void SysCtlPeripheralDisable（unsigned long ulPeripheral）
- void SysCtlPeripheralEnable（unsigned long ulPeripheral）
- tBoolean SysCtlPeripheralPresent（unsigned long ulPeripheral）
- void SysCtlPeripheralReset（unsigned long ulPeripheral）
- void SysCtlPeripheralSleepDisable（unsigned long ulPeripheral）
- void SysCtlPeripheralSleepEnable（unsigned long ulPeripheral）
- tBoolean SysCtlPinPresent（unsigned long ulPin）
- void SysCtlPLLVerificationSet（tBoolean bEnable）
- unsigned long SysCtlPWMClockGet（void）
- void SysCtlPWMClockSet（unsigned long ulConfig）
- void SysCtlReset（void）
- void SysCtlResetCauseClear（unsigned long ulCauses）
- unsigned long SysCtlResetCauseGet（void）
- void SysCtlSleep（void）
- unsigned long SysCtlSRAMSizeGet（void）
- void SysCtlUSBPLLDisable（void）
- void SysCtlUSBPLLEnable（void）

下面举例介绍如何利用系统的 API 函数进行配置外设和进行正常的操作。

```
//
//Configure the device to run at 20 MHz from the PLL using a 4 MHz crystal
//as the input.
//
SysCtlClockSet（SYSCTL_SYSDIV_10 ｜ SYSCTL_USE_PLL ｜ SYSCTL_XTAL_4MHZ ｜
SYSCTL_OSC_MAIN）;
//
//Enable the GPIO blocks and the SSI.
```

```
        //
        SysCtlPeripheralEnable（SYSCTL_PERIPH_GPIOA）;
        SysCtlPeripheralEnable（SYSCTL_PERIPH_GPIOB）;
        SysCtlPeripheralEnable（SYSCTL_PERIPH_SSI）;
        //
        //Enable the GPIO blocks and the SSI in sleep mode.
        //
        SysCtlPeripheralSleepEnable（SYSCTL_PERIPH_GPIOA）;
        SysCtlPeripheralSleepEnable（SYSCTL_PERIPH_GPIOB）;
        SysCtlPeripheralSleepEnable（SYSCTL_PERIPH_SSI）;
        //
        //Enable peripheral clock gating.
        //
        SysCtlPeripheralClockGating（true）;
```

14.1.2 Flash

Flash 部分的 API 函数包括如下：

■long FlashErase（unsigned long ulAddress）

■void FlashIntClear（unsigned long ulIntFlags）

■void FlashIntDisable（unsigned long ulIntFlags）

■void FlashIntEnable（unsigned long ulIntFlags）

■void FlashIntRegister（void（*pfnHandler）（void））

■unsigned long FlashIntStatus（tBoolean bMasked）

■void FlashIntUnregister（void）

■long FlashProgram（unsigned long *pulData, unsigned long ulAddress, unsigned long ulCount）

■tFlashProtection FlashProtectGet（unsigned long ulAddress）

■long FlashProtectSave（void）

■long FlashProtectSet（unsigned long ulAddress, tFlashProtection eProtect）

■unsigned long FlashUsecGet（void）

■void FlashUsecSet（unsigned long ulClocks）

■long FlashUserGet（unsigned long *pulUser0, unsigned long *pulUser1）

■long FlashUserSave（void）

■long FlashUserSet（unsigned long ulUser0, unsigned long ulUser1）

14.1.3 GPIOs

GPIOs 部分的 API 函数包括如下：

■unsigned long GPIODirModeGet（unsigned long ulPort, unsigned char ucPin）

■void GPIODirModeSet（unsigned long ulPort, unsigned char ucPins, unsigned long ul-

PinIO）

■unsigned long GPIOIntTypeGet（unsigned long ulPort，unsigned char ucPin）

■void GPIOIntTypeSet（unsigned long ulPort，unsigned char ucPins，unsigned long ul-IntType）

■void GPIOPadConfigGet（unsigned long ulPort，unsigned char ucPin，unsigned long * pulStrength，unsigned long * pulPinType）

■void GPIOPadConfigSet（unsigned long ulPort，unsigned char ucPins，unsigned long ulStrength，unsigned long ulPinType）

■void GPIOPinConfigure（unsigned long ulPinConfig）

■void GPIOPinIntClear（unsigned long ulPort，unsigned char ucPins）

■void GPIOPinIntDisable（unsigned long ulPort，unsigned char ucPins）

■void GPIOPinIntEnable（unsigned long ulPort，unsigned char ucPins）

■long GPIOPinIntStatus（unsigned long ulPort，tBoolean bMasked）

■long GPIOPinRead（unsigned long ulPort，unsigned char ucPins）

■void GPIOPinTypeADC（unsigned long ulPort，unsigned char ucPins）

■void GPIOPinTypeCAN（unsigned long ulPort，unsigned char ucPins）

■void GPIOPinTypeComparator（unsigned long ulPort，unsigned char ucPins）

■void GPIOPinTypeEPI（unsigned long ulPort，unsigned char ucPins）

■void GPIOPinTypeEthernetLED（unsigned long ulPort，unsigned char ucPins）

■void GPIOPinTypeGPIOInput（unsigned long ulPort，unsigned char ucPins）

■void GPIOPinTypeGPIOOutput（unsigned long ulPort，unsigned char ucPins）

■void GPIOPinTypeGPIOOutputOD（unsigned long ulPort，unsigned char ucPins）

■void GPIOPinTypeI2C（unsigned long ulPort，unsigned char ucPins）

■void GPIOPinTypeI2S（unsigned long ulPort，unsigned char ucPins）

■void GPIOPinTypePWM（unsigned long ulPort，unsigned char ucPins）

■void GPIOPinTypeQEI（unsigned long ulPort，unsigned char ucPins）

■void GPIOPinTypeSSI（unsigned long ulPort，unsigned char ucPins）

■void GPIOPinTypeTimer（unsigned long ulPort，unsigned char ucPins）

■void GPIOPinTypeUART（unsigned long ulPort，unsigned char ucPins）

■void GPIOPinTypeUSBAnalog（unsigned long ulPort，unsigned char ucPins）

■void GPIOPinTypeUSBDigital（unsigned long ulPort，unsigned char ucPins）

■void GPIOPinWrite（unsigned long ulPort，unsigned char ucPins，unsigned char ucVal）

■void GPIOPortIntRegister（unsigned long ulPort，void（ * pfnIntHandler）（void））

■void GPIOPortIntUnregister（unsigned long ulPort）

下面举例介绍如何使用 GPIO API 函数初始化 GPIO 模块、GPIO 引脚使能中断、GPIO 引脚读数据、GPIO 引脚写数据等。

int iVal；

```
    //
    //Register the port-level interrupt handler.  This handler is the
    //first level interrupt handler for all the pin interrupts.
    //
    GPIOPortIntRegister (GPIO_PORTA_BASE, PortAIntHandler);
    //
    //Initialize the GPIO pin configuration.
    //
    //Set pins 2, 4, and 5 as input, SW controlled.
    //
    GPIOPinTypeGPIOInput (GPIO_PORTA_BASE,
    GPIO_PIN_2 | GPIO_PIN_4 | GPIO_PIN_5);
    //
    //Set pins 0 and 3 as output, SW controlled.
    //
    GPIOPinTypeGPIOOutput (GPIO_PORTA_BASE, GPIO_PIN_0 | GPIO_PIN_3);
    //
    //Make pins 2 and 4 rising edge triggered interrupts.
    //
    GPIOIntTypeSet (GPIO_PORTA_BASE, GPIO_PIN_2 | GPIO_PIN_4, GPIO_
RISING_EDGE);
    //
    //Make pin 5 high level triggered interrupts.
    //
    GPIOIntTypeSet (GPIO_PORTA_BASE, GPIO_PIN_5, GPIO_HIGH_LEVEL);
    //
    //Read some pins.
    //
    iVal = GPIOPinRead (GPIO_PORTA_BASE,
    (GPIO_PIN_0 | GPIO_PIN_2 | GPIO_PIN_3 |
    GPIO_PIN_4 | GPIO_PIN_5) );
    //
    //Write some pins.  Even though pins 2, 4, and 5 are specified, those
    //pins are unaffected by this write since they are configured as inputs.
    //At the end of this write, pin 0 will be a 0, and pin 3 will be a 1.
    //
    GPIOPinWrite (GPIO_PORTA_BASE,
    (GPIO_PIN_0 | GPIO_PIN_2 | GPIO_PIN_3 |
```

GPIO_PIN_4 | GPIO_PIN_5），

0xF4）；

//

//Enable the pin interrupts.

//

GPIOPinIntEnable（GPIO_PORTA_BASE，GPIO_PIN_2| GPIO_PIN_4| GPIO_PIN_5）；

14.1.4　UART

UART 部分的 API 函数包括如下：

●void UARTBreakCtl（unsigned long ulBase，tBoolean bBreakState）

●tBoolean UARTBusy（unsigned long ulBase）

●long UARTCharGet（unsigned long ulBase）

●long UARTCharGetNonBlocking（unsigned long ulBase）

●void UARTCharPut（unsigned long ulBase，unsigned char ucData）

●tBoolean UARTCharPutNonBlocking（unsigned long ulBase，unsigned char ucData）

●tBoolean UARTCharsAvail（unsigned long ulBase）

●void UARTConfigGetExpClk（unsigned long ulBase，unsigned long ulUARTClk，unsigned long * pulBaud，unsigned long * pulConfig）

●void UARTConfigSetExpClk（unsigned long ulBase，unsigned long ulUARTClk，unsigned long ulBaud，unsigned long ulConfig）

●void UARTDisable（unsigned long ulBase）

●void UARTDisableSIR（unsigned long ulBase）

●void UARTDMADisable（unsigned long ulBase，unsigned long ulDMAFlags）

●void UARTDMAEnable（unsigned long ulBase，unsigned long ulDMAFlags）

●void UARTEnable（unsigned long ulBase）

●void UARTEnableSIR（unsigned long ulBase，tBoolean bLowPower）

●void UARTFIFODisable（unsigned long ulBase）

●void UARTFIFOEnable（unsigned long ulBase）

●void UARTFIFOLevelGet（unsigned long ulBase，unsigned long * pulTxLevel，unsigned long * pulRxLevel）

●void UARTFIFOLevelSet（unsigned long ulBase，unsigned long ulTxLevel，unsigned long ulRxLevel）

●unsigned long UARTFlowControlGet（unsigned long ulBase）

●void UARTFlowControlSet（unsigned long ulBase，unsigned long ulMode）

●void UARTIntClear（unsigned long ulBase，unsigned long ulIntFlags）

●void UARTIntDisable（unsigned long ulBase，unsigned long ulIntFlags）

●void UARTIntEnable（unsigned long ulBase，unsigned long ulIntFlags）

●void UARTIntRegister（unsigned long ulBase，void（* pfnHandler）（void））

●unsigned long UARTIntStatus（unsigned long ulBase，tBoolean bMasked）

- void UARTIntUnregister（unsigned long ulBase）
- void UARTModemControlClear（unsigned long ulBase，unsigned long ulControl）
- unsigned long UARTModemControlGet（unsigned long ulBase）
- void UARTModemControlSet（unsigned long ulBase，unsigned long ulControl）
- unsigned long UARTModemStatusGet（unsigned long ulBase）
- unsigned long UARTParityModeGet（unsigned long ulBase）
- void UARTParityModeSet（unsigned long ulBase，unsigned long ulParity）
- void UARTRxErrorClear（unsigned long ulBase）
- unsigned long UARTRxErrorGet（unsigned long ulBase）
- void UARTSmartCardDisable（unsigned long ulBase）
- void UARTSmartCardEnable（unsigned long ulBase）
- tBoolean UARTSpaceAvail（unsigned long ulBase）
- unsigned long UARTTxIntModeGet（unsigned long ulBase）
- void UARTTxIntModeSet（unsigned long ulBase，unsigned long ulMode）

下面的举例介绍如何使用 UART 的 API 函数初始化 UART 模块，如何发送、接收数据。

```
//
//Initialize the UART. Set the baud rate, number of data bits, turn off
//parity, number of stop bits, and stick mode.
//
UARTConfigSetExpClk（UART0_BASE, SysCtlClockGet（）, 38400,
（UART_CONFIG_WLEN_8 | UART_CONFIG_STOP_ONE |
UART_CONFIG_PAR_NONE））;
//
//Enable the UART.
//
UARTEnable（UART0_BASE）;
//
//Check for characters. This will spin here until a character is placed
//into the receive FIFO.
//
while（! UARTCharsAvail（UART0_BASE））
{
}
//
//Get the character（s）in the receive FIFO.
//
while（UARTCharGetNonBlocking（UART0_BASE））
```

```
{
}
//
//Put a character in the output buffer.
//
UARTCharPut（UART0_BASE，´c´）；
//
//Disable the UART.
//
UARTDisable（UART0_BASE）；
```

14.1.5 ADC

ADC 部分的 API 函数包括如下：

- void ADCComparatorConfigure（unsigned long ulBase, unsigned long ulComp, unsigned long ulConfig）
- void ADCComparatorIntClear（unsigned long ulBase, unsigned long ulStatus）
- void ADCComparatorIntDisable（unsigned long ulBase, unsigned long ulSequence-Num）
- void ADCComparatorIntEnable（unsigned long ulBase, unsigned long ulSequenceNum）
- unsigned long ADCComparatorIntStatus（unsigned long ulBase）
- void ADCComparatorRegionSet（unsigned long ulBase, unsigned long ulComp, unsigned long ulLowRef, unsigned long ulHighRef）
- void ADCComparatorReset（unsigned long ulBase, unsigned long ulComp, tBoolean bTrigger, tBoolean bInterrupt）
- void ADCHardwareOversampleCon? gure（unsigned long ulBase, unsigned long ulFactor）
- void ADCIntClear（unsigned long ulBase, unsigned long ulSequenceNum）
- void ADCIntDisable（unsigned long ulBase, unsigned long ulSequenceNum）
- void ADCIntEnable（unsigned long ulBase, unsigned long ulSequenceNum）
- void ADCIntRegister（unsigned long ulBase, unsigned long ulSequenceNum, void
- （*pfnHandler）（void））
- unsigned long ADCIntStatus（unsigned long ulBase, unsigned long ulSequenceNum, tBoolean bMasked）
- void ADCIntUnregister（unsigned long ulBase, unsigned long ulSequenceNum）
- unsigned long ADCPhaseDelayGet（unsigned long ulBase）
- void ADCPhaseDelaySet（unsigned long ulBase, unsigned long ulPhase）
- void ADCProcessorTrigger（unsigned long ulBase, unsigned long ulSequenceNum）
- unsigned long ADCReferenceGet（unsigned long ulBase）
- void ADCReferenceSet（unsigned long ulBase, unsigned long ulRef）

●void ADCSequenceConfigure（unsigned long ulBase, unsigned long ulSequenceNum, unsigned long ulTrigger, unsigned long ulPriority）

●long ADCSequenceDataGet（unsigned long ulBase, unsigned long ulSequenceNum, unsigned long ＊pulBuffer）

●void ADCSequenceDisable（unsigned long ulBase, unsigned long ulSequenceNum）

●void ADCSequenceEnable（unsigned long ulBase, unsigned long ulSequenceNum）

●long ADCSequenceOverflow（unsigned long ulBase, unsigned long ulSequenceNum）

●void ADCSequenceOverflowClear（unsigned long ulBase, unsigned long ulSequence-Num）

●void ADCSequenceStepConfigure（unsigned long ulBase, unsigned long ulSequence-Num, unsigned long ulStep, unsigned long ulConfig）

●long ADCSequenceUnderflow（unsigned long ulBase, unsigned long ulSequenceNum）

●void ADCSequenceUnderflowClear（unsigned long ulBase, unsigned long ulSequence-Num）

●void ADCSoftwareOversampleConfigure（unsigned long ulBase, unsigned long ulSe-quenceNum, unsigned long ulFactor）

●void ADCSoftwareOversampleDataGet（unsigned long ulBase, unsigned long ulSequen-ceNum, unsigned long ＊pulBuffer, unsigned long ulCount）

●void ADCSoftwareOversampleStepConfigure（unsigned long ulBase, unsigned long ul-SequenceNum, unsigned long ulStep, unsigned long ulConfig）

下面举例介绍如何使用 ADC API 函数初始化触发处理器采样序列，触发采样序列，如何读取转换后的采样转换数值。

unsigned long ulValue;
//
//Enable the first sample sequence to capture the value of channel 0 when
//the processor trigger occurs.
//
ADCSequenceConfigure（ADC0_BASE, 0, ADC_TRIGGER_PROCESSOR, 0）;
ADCSequenceStepConfigure（ADC0_BASE, 0, 0,
ADC_CTL_IE ｜ ADC_CTL_END ｜ ADC_CTL_CH0）;
ADCSequenceEnable（ADC0_BASE, 0）;
//
//Trigger the sample sequence.
//
ADCProcessorTrigger（ADC0_BASE, 0）;
//
//Wait until the sample sequence has completed.
//

while（! ADCIntStatus（ADC0_BASE, 0, false））

{

}

//

//Read the value from the ADC.

//

ADCSequenceDataGet（ADC0_BASE, 0, &ulValue）;

14.1.6　I2C

I2C 部分的 API 函数包括如下：

- void I2CIntRegister（unsigned long ulBase, void（* pfnHandler）（void））
- void I2CIntUnregister（unsigned long ulBase）
- tBoolean I2CMasterBusBusy（unsigned long ulBase）
- tBoolean I2CMasterBusy（unsigned long ulBase）
- void I2CMasterControl（unsigned long ulBase, unsigned long ulCmd）
- unsigned long I2CMasterDataGet（unsigned long ulBase）
- void I2CMasterDataPut（unsigned long ulBase, unsigned char ucData）
- void I2CMasterDisable（unsigned long ulBase）
- void I2CMasterEnable（unsigned long ulBase）
- unsigned long I2CMasterErr（unsigned long ulBase）
- void I2CMasterInitExpClk（unsigned long ulBase, unsigned long ulI2CClk, tBoolean bFast）
- void I2CMasterIntClear（unsigned long ulBase）
- void I2CMasterIntDisable（unsigned long ulBase）
- void I2CMasterIntEnable（unsigned long ulBase）
- tBoolean I2CMasterIntStatus（unsigned long ulBase, tBoolean bMasked）
- void I2CMasterSlaveAddrSet（unsigned long ulBase, unsigned char ucSlaveAddr, tBoolean bReceive）
- unsigned long I2CSlaveDataGet（unsigned long ulBase）
- void I2CSlaveDataPut（unsigned long ulBase, unsigned char ucData）
- void I2CSlaveDisable（unsigned long ulBase）
- void I2CSlaveEnable（unsigned long ulBase）
- void I2CSlaveInit（unsigned long ulBase, unsigned char ucSlaveAddr）
- void I2CSlaveIntClear（unsigned long ulBase）
- void I2CSlaveIntClearEx（unsigned long ulBase, unsigned long ulIntFlags）
- void I2CSlaveIntDisable（unsigned long ulBase）
- void I2CSlaveIntDisableEx（unsigned long ulBase, unsigned long ulIntFlags）
- void I2CSlaveIntEnable（unsigned long ulBase）
- void I2CSlaveIntEnableEx（unsigned long ulBase, unsigned long ulIntFlags）

- tBoolean I2CSlaveIntStatus（unsigned long ulBase，tBoolean bMasked）
- unsigned long I2CSlaveIntStatusEx（unsigned long ulBase，tBoolean bMasked）
- unsigned long I2CSlaveStatus（unsigned long ulBase）

下面举例介绍如何使用 I2C API 函数发送数据（主机模式）。

```
//
//Initialize Master and Slave
//
I2CMasterInitExpClk（I2C_MASTER_BASE，SysCtlClockGet）
//
//Specify slave address
//
I2CMasterSlaveAddrSet（I2C_MASTER_BASE，0x3B，false）；
//
//Place the character to be sent in the data regist
//
I2CMasterDataPut（I2C_ MASTER_ BASE，´Q´）；
//
//Initiate send of character from Master to Slave
//
I2CMasterControl（I2C_MASTER_BASE，I2C_MASTER_CMD_SIN）
//
//Delay until transmission completes
//
while（I2CMasterBusBusy（I2C_MASTER_BASE））
{
}
}
```

注意： ARM Cortex-M3 处理器其他外设的 API 函数及其所有 API 函数详细的解析请读者参阅 Stellaris® Peripheral Driver Library USER'S GUIDE 文档。

14.2 系统软硬件联调

14.2.1 系统软件实现流程

各硬件单元的硬件调试完成，软件驱动程序编写完成后，进行系统软件程序的编写工作，系统软件程序编写完成，进行系统软硬件联调，直至系统功能实现。系统软件实现流程图如图 14-1 所示。

14.2.2 软件主要子函数代码

软件程序部分子程序的源代码如下：

```
//    UART0 初始化——PM2.5
```

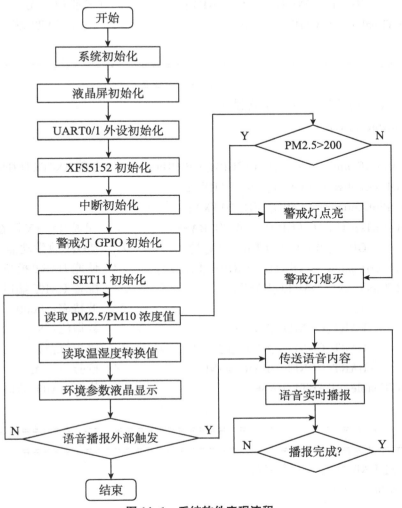

图 14-1 系统软件实现流程

```
void uartInit0（void）
{
    SysCtlPeriEnable（SYSCTL_PERIPH_UART0）；        //  使能 UART 模块
    SysCtlPeriEnable（SYSCTL_PERIPH_GPIOA）；        //  使能RX/TX所在的GPIO端口

    GPIOPinTypeUART（GPIO_PORTA_BASE,               //  配置 RX/TX 所在管脚为
    GPIO_PIN_0 ｜ GPIO_PIN_1）；                      //  UART 收发功能
    UARTConfigSet（UART0_BASE,                       //  配置 UART 端口
            9600,                                    //  波特率：9600
            UART_CONFIG_WLEN_8 ｜                    //  数据位：8
            UART_CONFIG_STOP_ONE ｜                  //  停止位：1
```

```
                    UART_CONFIG_PAR_NONE);        //  校验位：无
        UARTEnable（UART0_BASE);                  //  使能 UART 端口
    }
=========================================================
==============================
    //   UART1 初始化   ----语音模块
    void uartInit1（void)
    {
        SysCtlPeriEnable（SYSCTL_PERIPH_GPIOB);   //  使能 RX/TX 所在的 GPIO 端口
        GPIOPinConfigure（GPIO_PB0_U1RX);
        GPIOPinConfigure（GPIO_PB1_U1TX);
        GPIOPinTypeUART（GPIO_PORTB_BASE,         //  配置 RX/TX 所在管脚为
                GPIO_PIN_0 | GPIO_PIN_1);          //  UART 收发功能
        SysCtlPeriEnable（SYSCTL_PERIPH_UART1);   //  使能 UART 模块
        UARTConfigSet（UART1_BASE,                //  配置 UART 端口
                9600,                              //  波特率：9600
                UART_CONFIG_WLEN_8 |              //  数据位：8
                UART_CONFIG_STOP_ONE |            //  停止位：1
                UART_CONFIG_PAR_NONE);            //  校验位：无
        UARTEnable（UART1_BASE);                  //  使能 UART 端口
    }
=========================================================
=========================================================
    //   通过 UART0 发送一个字符
    void uartPutc（const char c)
    {
        UARTCharPut（UART0_BASE, c);
    }
=========================================================
=========================================================
    //   通过 UART0 发送字符串
    void uartPuts（const char * s)
    {
        while（* s ! = '\ 0') uartPutc（*（s++));
    }
=========================================================
=========================================================
    //   通过 UART0 接收一个字符
```

```
char uartGetc（void）
{
    return（UARTCharGet（UART0_BASE））;
}
```

==
==

```
//  UART1 发送数据
void SendCom（unsigned char * Send_data, unsigned char Send_Len）
{
    unsigned char i;
    for（i=0; i<Send_Len; i++）
    {
        UARTCharPut（UART1_BASE, * Send_data）;
        * Send_data++;
    }
}
```

==
==

```
//  UART1 接收数据
void RecvCom（unsigned char * Vrdata）
{
    * Vrdata = UARTCharGet（UART1_BASE）;
}
```

==
==

```
//  YS-XFS5051 文本合成函数，发送合成文本到 XFS5051 芯片进行合成播放，*
HZdata：文本指针变量
void XFS_FrameInfo（unsigned char * HZdata）
{
/* * * * * * * * * * * * * * *需要发送的文本* * * * * * * * * * * * */
    unsigned   char Frame_Info［50］ = {0}; //定义的文本长度
    unsigned   int   HZ_Length;
    HZ_Length = strlen（HZdata）;          //需要发送文本的长度
    /* * * * * * * * * * * * * * * 帧固定配置信息* * * * * * * * * * */
    Frame_Info［0］ = 0xFD ;               //构造帧头 FD
    Frame_Info［1］ = 0x00 ;               //构造数据区长度的高字节
    Frame_Info［2］ = HZ_Length+2;         //构造数据区长度的低字节
    Frame_Info［3］ = 0x01 ;               //构造命令字：合成播放命令
```

```
    Frame_Info [4] = 0x01;                        //文本编码格式：GBK


/ * * * * * * * * * * * * * * * * * * *发送帧信息* * * * * * * * * * */
    memcpy (&Frame _ Info [5]，HZdata，HZ _ Length)；//将 HZdata 中长度为HZ_
Length 的数据拷贝到 &Frame_Info [5] 中
    SendCom (Frame_Info，5+HZ_Length)；          //发送帧配置
    }
========================================================
========================================================
    //void   YS_XFS_Set (unsigned char * Info_data)，* Info_data：固定的配置信息
变量
    void YS_XFS_Set (unsigned char * Info_data)
    {
    unsigned char Com_Len;
    Com_Len = strlen (Info_data)；
    SendCom (Info_data，Com_Len)；
    }
========================================================
========================================================
    //void XFC_wait (void)
    void XFC_wait (void)
    {
    Comrdata [0] = 0；   //清语音芯片返回标志
    Comrdata [1] = 0；   //清语音芯片返回标志
        do
        {
        RecvCom (Comrdata)；
        }
        while ( (Comrdata [0]! =0x4F) && (Comrdata [1]! =0x41) )；   //等待
播放完成
        Comrdata [0] = 0；   //清语音芯片返回标志
        Comrdata [1] = 0；   //清语音芯片返回标志
    }
========================================================
========================================================
    //s_write_byte ()
    char s_write_byte (unsigned char value)
    {
```

```
unsigned char i, error0=0;
DATA_OUT; SCK_OUT;
for (i=0x80; i>0; i/=2)          //shift bit for masking
    {
    if (i & value) DATA_H;       //masking value with i , write to SENSI-BUS
    else    DATA_L;
    SCK_H;              //clk for SENSI-BUS
    delay (5);
    SCK_L;
    delay (1);
    }
//DATA_H;       //  释放数据线
DATA_IN;
SCK_H;
delay (2);
error0=DATA_READ;          //check ack (DATA will be pulled down by SHT11)
//delay (5);
DATA_OUT;
DATA_H;
SCK_L;
return error0;          //error0=1 in case of no acknowledge
    }
========================================================
========================================================
//unsigned char s_read_byte (unsigned char ack)
    {
    unsigned char i, val=0;
    //DATA_OUT; SCK_OUT;
    //DATA_H;
    DATA_IN;
    for (i=0x80; i>0; i/=2)
        {
    SCK_H;
    if (DATA_READ==1)     val= (val | i);
    else   val= (val | 0x00);
    SCK_L;
    delay (5);
        }
```

```
        DATA_OUT;
        DATA_H;
        delay（3）;
        if（ACK==1）    DATA_L;
        else   DATA_H;
        SCK_H;
        delay（5）;
        SCK_L;
        DATA_H;          //   读第二字节数据之前，DATA 应为高
        return val;
    }
==================================================
==================================================
    //void s_transstart（void）
    //generates a transmission start
    //       _ _ _ _      _ _ _ _ _ _
    //DATA：        | _ _ _ _ _ _ _ |
    //         _ _ _    _ _ _
    //SCK : _ _ _ |   | _ _ _ |   | _ _ _ _ _ _
    {
      DATA_OUT; SCK_OUT;

      DATA_H; SCK_L;   //   此处必须要保留
      delay（2）;

      SCK_H;
      delay（2）;

      DATA_L;
      delay（2）;

      SCK_L;
      delay（2）;

      SCK_H;
      delay（2）;

      DATA_H;
```

```
        delay（2）；

        SCK_L；
        delay（2）；
    }
```

===
===

```
    //void s_connectionreset（void）
    //communication reset：DATA-line=1 and at least 9 SCK cycles followed by transstart
    //      _ _ _ _ _ _ _ _ _ _ _ _ _ _ _ _ _ _ _ _ _ _ _ _ _ _ _ _ _
_ _ _ _ _ _ _ _ _ _ _ _ _ _ _ _ _ _ _      _ _ _ _ _ _ _
    //DATA：                              | _ _ _ _ _ _ _ |
    //      _  _  _  _  _  _  _  _  _      _ _ _    _ _ _
    //SCK：_ _ | | _ _ | | _ _ | | _ _ | | _ _ | | _ _ | | _ _ | | _ _
| | _ _ | | _ _ _ _ _ | | | _ _ |  | _ _ _ _ _ _
    {
        unsigned char i；
        DATA_OUT；SCK_OUT；

        DATA_ H；SCK_ L；              //Initial state
        for（i=0；i<9；i++）           //9 SCK cycles
          {
        SCK_H；
        delay（2）；
        SCK_L；
        delay（2）；
          }
        s_ transstart（）；            //transmission start
    }
```

===
===

```
    //char s_softreset（void）
    //resets the sensor by a softreset
    {
        unsigned char error0=0；
        s_connectionreset（）；                //reset communication
        error0+=s_write_byte（RESET）；        //send RESET-command to sensor
        return error0；                       //error0=1 in case of no response form the sen-
```

sor
```
    }
=====================================================
=====================================================
    //char s_measure (unsigned char * p_value, unsigned int * p_checksum, unsigned
char mode)
    //makes a measurement (humidity/temperature) with checksum
    {
      unsigned int error0=0;
      unsigned int i, j;

      s_ transstart ();              //transmission start
      switch (mode)
      {                              //send command to sensor
      case TEMP : error0+=s_write_byte (MEASURE_TEMP); break;
      case HUMI : error0+=s_write_byte (MEASURE_HUMI); break;
      default   : break;
      }

      DATA_IN;
      for (i=0; i<65535; i++)
        {
        for (j=0; j<65535; j++)
          {
        if (DATA_READ==0) {break;} //wait until sensor has finished the measurement
        delay (5);
          }
        }
      if (DATA_READ) {error0+=1;}              //or timeout (2 sec.) is reached

      * (p_value+1)   =   s_read_byte (ACK); //read the first byte (MSB)

      * (p_value) =     s_read_byte (ACK);     //read the second byte (LSB)
      * p_checksum  =     s_read_byte (noACK); //read checksum
      return error0;
    }
=====================================================
=====================================================
```

```
//void calc_sth11 (float * p_humidity , float * p_temperature)
//calculates temperature and humidity [%RH]
//input ：   humi [Ticks] (12 bit)
//        temp [Ticks] (14 bit)
//output：  humi [%RH]
//        temp
{
const float C1 = -4.0;                //for 12 Bit
const float C2 = +0.0405;             //for 12 Bit
const float C3 = -0.0000028;          //for 12 Bit
const float T1 = +0.01;               //for 14 Bit @ 5V
const float T2 = +0.00008;            //for 14 Bit @ 5V

float rh = * p_humidity;              //rh:      Humidity [Ticks] 12 Bit
float t = * p_temperature;            //t:       Temperature [Ticks] 14 Bit
float rh_lin;                         //rh_lin:  Humidity linear
float rh_true;                        //rh_true：Temperature compensated humidity
float t_C;
t_C = t * 0.01 - 39.6;                //calc. temperature from ticks to
rh_lin = C3 * rh * rh + C2 * rh + C1; //calc. humidity from ticks to [%RH]
rh_true = (t_C-25) * (T1+T2 * rh) +rh_lin; //calc. temperature compensated humidity [%RH]
if (rh_true>100) rh_true = 100;       //cut if the value is outside of
if (rh_true<0.1) rh_true = 0.1;       //the physical possible range

* p_temperature = t_ C;
* p_humidity = rh_true;               //return humidity [%RH]
}
================================================================
================================================================
void ConverFloatToChar (float flo, char * ptr)
{
  int i=0, intnum, tmp, tmp1;
  float data;
  data = flo;
  while (i++<8) * (ptr+i-1) = 0;
  i = 0;
  while (data >= 1)
```

```
        {
          data = data/10;
          i++;
        }
    intnum=i;
    if（！intnum）
        {
         ＊ptr = 0;
         ＊（ptr+1） = ˊ.ˊ;
         data = flo;
         for（i=2；i<=3；i++）
          {
            data ＊= 10;
            tmp = data;
            ＊（ptr+i） = tmp+48;
            data = data－tmp;
          }
        }
    else
        {
         ＊（ptr+intnum） = ˊ.ˊ;
         tmp = flo;
         for（i=1；i<=intnum；i++）
          {
            tmp1 = tmp % 10;
            ＊（ptr+intnum−i） = tmp1+48;
            tmp = tmp/10;
          }
         data = flo;
         tmp = data;
         data = data － tmp;
         for（i=intnum+1；i<6；i++）
          {
            data ＊= 10;
            tmp = data;
            ＊（ptr+i） = tmp+48;
            data = data－tmp;
          }
```

```
        }
    }
================================================================
================================================================
    //
    //INT0init
    //
    void INT0init（void）
    {
    SysCtlPeripheralEnable（INT0_PERIPH）;              //   使能 INT0 所在的 GPIO 端口
    GPIOPinTypeGPIOInput（INT0_PORT, INT0_PIN）;       //   设置 INT0 所在管脚为输入
    GPIOIntTypeSet（INT0_PORT, INT0_PIN, GPIO_         //   设置 IMT0 管脚的中断类型
    FALLING_EDGE）;
    GPIOPinIntEnable（INT0_PORT, INT0_PIN）;           //   使能 INT0 所在管脚的中断
    IntEnable（INT_GPIOJ）;                            //   使能 INT0 端口中断
    IntMasterEnable（）;                               //   使能处理器中断
    }
================================================================
================================================================
    //
    //INT0_ISR
    //
    void INT0_ISR（void）              //   INT0 的中断服务函数
    {
        unsigned long ulStatus;
        ulStatus = GPIOPinIntStatus（INT0_PORT, true）; //   读取中断状态
        GPIOPinIntClear（INT0_PORT, ulStatus）;         //   清除中断状态，重要
        if（ulStatus & INT0_PIN）                       //   如果 INT0 的中断状态有效
        {
        //------------------------------语音播报--------------------
------------------------------------------------------------------
    XFS_FrameInfo（"当前 PM2.5 浓度为"）;
    XFC_wait（）;
    XFS_FrameInfo（PM2_5）;     //当前 PM2.5 值
    XFC_wait（）;
    XFS_FrameInfo（"微克每立方米"）;
    XFC_wait（）;
    XFS_FrameInfo（"当前 PM10 浓度为"）;
```

```
    XFC_wait ();
    XFS_FrameInfo (PM10);     //当前 PM2.5 值
    XFC_wait ();
    XFS_FrameInfo ("微克每立方米");
    XFC_wait ();
    if (PM2_5_CF<=50)
      {
      XFS_FrameInfo ("当前空气质量级别为一级, 空气质量状况属于优");
      XFC_wait ();
      }
    else if ( (PM2_5_CF>50) && (PM2_5_CF<=100) )
      {
      XFS_FrameInfo ("当前空气质量级别为二级, 空气质量状况属于良");
      XFC_wait ();
      }
    else if ( (PM2_5_CF>100) && (PM2_5_CF<=150) )
      {
      XFS_FrameInfo (" 空气质量级别为三级, 空气质量状况属于轻度污染");
      XFC_wait ();
      }
    else if ( (PM2_5_CF>150) && (PM2_5_CF<=200) )
      {
      XFS_FrameInfo ("空气质量级别为四级, 空气质量状况属于中度污染");
      XFC_wait ();
      }
    else if ( (PM2_5_CF>200) && (PM2_5_CF<=300) )
      {
      XFS_FrameInfo ("空气质量级别为五级, 空气质量状况属于重度污染");
      XFC_wait ();
      }
    else if (PM2_5_CF>300)
      {
      XFS_FrameInfo ("空气质量级别为六级, 空气质量状况属于严重污染");
      XFC_wait ();
      }
    XFS_FrameInfo ("当前温度为");
      XFC_wait ();
      XFS_FrameInfo (Temp_z);     //当前温度值整数
```

```
        XFC_wait ();
        XFS_FrameInfo ("摄氏度");
        XFC_wait ();
        XFS_FrameInfo ("当前湿度为");
        XFC_wait ();
        XFS_FrameInfo ("百分之");
        XFC_wait ();
        XFS_FrameInfo (Humi_ z);        //当前湿度值
        XFC_wait ();
        XFS_FrameInfo ("请根据当前环境参数值采取必要的防护措施");
        XFC_wait ();
    }
    ulStatus = GPIOPinIntStatus (INT0_PORT, true);        //  读取中断状态
    GPIOPinIntClear (INT0_PORT, ulStatus);                //  清除中断状态, 重要
}
```

15   项目实现

　　《基于物联网的 PM2.5 监测系统设计》，能够实时监测大气环境或周围环境的
PM2.5 浓度、PM10 浓度、温度、湿度等环境参数，为人们健康生活和健康出行提供必
要的环境因数。《基于物联网的 PM2.5 监测系统设计》的实时液晶显示、一键语音环境
参数播报、当前空气质量 LED 灯警戒等多手段的环境参数获取方式，使该监测系统适
用于不同的群体。

　　《基于物联网的 PM2.5 监测系统设计》产品化，可满足不同社会群体的需求，
PM2.5 监测数据可以使用户采取有效的防雾霾手段，加强人类的环保意识，该系统具
有一定的社会价值，可进一步加强人类的环保理念。

　　通过对本书的学习，读者可以独立设计并完成相关的项目开发工作，大家赶快行动
去实践吧！

参考文献

陈璞珑，王体健.2011. 利用 CMB 模型进行城市大气颗粒物来源解析研究 ［Z］. 苏州：江苏省气象学会学术交流会.

胡伟，魏复盛.2003. 儿童呼吸健康与颗粒物中元素浓度的关联分析 ［J］. 安全与环境学报，3（1）：8-12.

宋宇，唐孝炎，方晨，等.2003. 北京市能见度下降与颗粒物污染的关系 ［J］. 环境科学学报，23（4）：468-471.

王玮，潘志，刘红杰，等.2001. 交通来源颗粒物粒径谱分布及其与能见度关系 ［J］. 环境科学研究，14（4）：17-22.

张振华.2014. PM2.5 浓度时空变化特性、影响因素及来源解析研究 ［D］. 浙江大学：1-5.

张宪.2011. 传感器与测控电路 ［M］. 北京：化学工业出版社.

Chana Y C, Simpsona R W, Mctainsha G H, et al. 1999. Source apportionment of visibility degradation problems in Brisbane（Australia）using the multiple linear regression techniques ［J］. Atmospheric Environment, 33（19）：3 237-3 250.

Dockery D W, Pope C A, Xu X, et al. 1993. An association between air pollution and mortality in six US cities ［J］. New England journal of medicine, 329（24）：1 753-1 759.

Pope C R, Thun M J, Namboodiri M M, et al. 1995. Particulate air pollution as a predictor of mortality in a prospective study of U. S. adults ［J］. Am J Respir Crit Care Med, 151（3 Pt 1）：669-674.

SENSIRION THE SENSOR COMPANY. 2003. SHT1x／SHT7x Humidity & Temperature Sensor ［C］. http：www. sensirion. com

Texas Instruments Incorporated. 2012. LM3S9B96 Microcontroller DATA SHEET ［C］. 1-399.

Texas Instruments Incorporated. 2010. Peripheral Driver Library USER'S GUIDE ［C］. 1-398.